ことばに
できない
宇宙のふしぎ

SMALL MUSINGS
ON A VAST UNIVERSE

エラ・フランシス・サンダース
前田まゆみ 訳

創元社

EATING THE SUN by Ella Frances Sanders

Copyright ©2019 by Ella Frances Sanders

Japanese Translation rights arranged with Ella Frances Sanders

c/o The Jean V. Naggar Literary Agency, Inc., New York

through Tuttle-Mori Agency, Inc., Tokyo

本書の日本語版版権は、株式会社創元社がこれを保有する。

本書の一部あるいは全部についていかなる形においても出版社の許可なくこれを使用・転載することを禁止する。

私のことを
変人と思わない
みなさんへ

INTRODUCTION
はじめに

　「センス・オブ・ワンダー」は、自然から受ける、言葉にできない不思議な驚き。その気持ちは、いろいろな時にわきおこります。あるときは声高に、あるときはまるでささやくように、またあるときは、愛情や情緒不安定や憂鬱などの、ほかの気持ちの陰にかくれて……。

　私がそれを感じるのは、たとえば、目が痛くなるほど空の星を何時間も見つめる夜。寝息を立てるように揺れる海を眺めているとき。もしくは、何とも表現できないような色に空が晴れ渡るとき。

　何層もの岩と化石から成るこの世界は、きらきら輝くさまざまなイメージで私を立ち止まらせてくれます。一枚の葉にさえも心を奪われ、それまで考えていたことを忘れてしまったりもします。

　宇宙や、目に見えないものや、物質を形作る微小なものに思いを寄せるとき、笑いと、抑えきれない涙とのバランスをとる必要があります。

　私は、涙します。それがどんなに美しいか理解したくても、その入り口にも立てないから。私たち、ヒトという動物種が、あまりにも欠点だらけだから。なにもかもが、衝撃的なほど不確実で、私たちの存在さえも「壁のない部屋の天井に浮かぶ象」のように、夢みたいなものだから。

　でも、だとしたら？　笑うこともできます。たとえば、森羅万象の中で人間という存在が議論の余地もないくらいちっぽけなものだと感じると、ほんとうにすべてのものがとんでもなく可笑しい、そんな気持ちでいっぱいになってしまうのです。私たちに頭脳がある？　変なの！　いったい誰がこの世界の責任者だっていうわけ？　おかしいよね。宇宙は膨張してる？　訳わからない！　その秘密を守らなきゃって？　どういう意味？

訳のわからないことの説明を見つけ、「無秩序」をなんとか整理しようとすることに、私たちは多くの時間を使っています。お互いを結び付けている限界からなんとか逃れようとし、避けられないことや無惨なことは、めでたく無視しながら。また、私たちは、自分自身を過去、現在、未来に分けて考えようとします。それは自分が変化したとか、もともとわかりきっていたことをより理解したと思えるように。また、過去を終わらせ、振り返ることなく新しいことを始める線引きのために。

　困るのは、「混沌(こんとん)」が、いつもこのテーブルのすぐ向かいの席についていることです。広げた新聞ごしに、崩壊し色を失った星々の入ったコーヒーカップを手にしながら、私たちをちらちら見ています。「混沌」の方でも、待っているからです。あなたが「混沌」に気付くことを、混沌こそがあなたが今までに見た中で一番目がくらむようなものだと気付くことを、ようやくそれに気付いたあなたの中のすべての原子が叫び出すのを。「混沌」がどこにでも絶妙に仕込まれていることにあなたが気づき、しみじみと味わうのを。というのも、私たち自身も、決してほかのもの以上に秩序正しく設計されているわけではありません。時間とともに、縫い目はほころびていきます。その点で、あなたも宇宙も同じく、繊細で大変な奮闘をしているのです。

　ですから、もしあなたが何かをきちんと終わらせられず、元どおりに戻せなかったとしても、できることはあります。炭酸ガスを水に入れて炭酸水を作るみたいに、可能性をいっぱい詰め込み、あなたの毎日の営みの中にずっと置いておくのです。私たちの中にある物語──すべてのものがどのようにしてそうなっているのか、私たちがそれをどれほど愛しているかという物語を、つむぎ続けるために。

　この本が、その物語のささやかな一部になれたらと願っています。

"I break open
stars and find
nothing and again
nothing, and then
a word in a
foreign language."

星を突き抜けても、突き抜けても、
何もみつけられず、
ただ、理解のおよばない言葉に出会う。

ELISABETH BORCHERS

エリザベス・ボルヒャース

目次

はじめに ⋯⋯⋯⋯⋯⋯⋯⋯⋯⋯⋯⋯⋯⋯⋯ 5

1. 私は炭素でできている ⋯⋯⋯⋯⋯⋯ 11
2. 太陽を食べながら ⋯⋯⋯⋯⋯⋯⋯⋯ 13
3. この宇宙で最も輝けるもの ⋯⋯⋯ 15
4. 惑星の動き ⋯⋯⋯⋯⋯⋯⋯⋯⋯⋯⋯ 17
5. 熱さって何？ ⋯⋯⋯⋯⋯⋯⋯⋯⋯⋯ 21
6. 光の魔法 ⋯⋯⋯⋯⋯⋯⋯⋯⋯⋯⋯⋯ 23
7. 原子は芸術作品 ⋯⋯⋯⋯⋯⋯⋯⋯ 27
8. 植物の賢い生き方 ⋯⋯⋯⋯⋯⋯⋯ 29
9. 天の川銀河と太陽系 ⋯⋯⋯⋯⋯⋯ 33
10. 今日、あなたはもうあなた自身ではない ⋯ 35
11. ミトコンドリア・イブ ⋯⋯⋯⋯⋯ 39
12. 私は青のある所にいるよ ⋯⋯⋯⋯ 41
13. 遠く離れた関係 ⋯⋯⋯⋯⋯⋯⋯⋯ 45
14. 雲に泣く ⋯⋯⋯⋯⋯⋯⋯⋯⋯⋯⋯ 47
15. 時間って、本当は何？ ⋯⋯⋯⋯⋯ 51
16. 月はなぜ空にあるの ⋯⋯⋯⋯⋯⋯ 55
17. 分類学 ⋯⋯⋯⋯⋯⋯⋯⋯⋯⋯⋯⋯ 57
18. 日と年 ⋯⋯⋯⋯⋯⋯⋯⋯⋯⋯⋯⋯ 59
19. 生命の世界 ⋯⋯⋯⋯⋯⋯⋯⋯⋯⋯ 63
20. 本当は、何を吸いこんでいるのだろう ⋯ 65
21. 話したいのは、あなただけ ⋯⋯⋯ 69
22. 眠る山々は、そのままに ⋯⋯⋯⋯ 71
23. ストレスにさらされるサンゴ ⋯⋯ 75
24. 空っぽの空間でダンスを踊る ⋯⋯ 77
25. 理論は推測ではない ⋯⋯⋯⋯⋯⋯ 81

26. 宇宙はあなたより年上 ……… 83

27. あなたの大部分は細菌 ……… 87

28. あなたはただ、一番最近
    思い返したことだけを記憶している ……… 89

29. 科学の言葉 ……… 93

30. 日が昇ったあとで寒くなる ……… 95

31. あなたは放射線を出している ……… 99

32. それはただの夢だった ……… 101

33. 地球を5周する ……… 105

34. 心臓の鼓動が26億回 ……… 107

35. 何にも触れられない ……… 111

36. なぜ、いつも私の上に雨が降るの ……… 113

37. 進化 ……… 115

38. 周期的に ……… 119

39. 死にゆく星々の匂い ……… 121

40. オイゲングラウ ……… 125

41. 宇宙に電話をかけたい ……… 127

42. 2つ以上の心臓 ……… 131

43. 5つ以上の感覚を持っている ……… 133

44. 南天オーロラ ……… 135

45. 初夏はどれほど世界を変えるか ……… 139

46. 翼も持てるかもしれない ……… 141

47. いっせいに ……… 145

48. 太陽は典型的な恒星 ……… 149

49. 元素のこと ……… 151

50. 恒星は止まってはいない ……… 153

51. 永遠の真実はない ……… 157

1

I AM MADE FROM CARBON
私は炭素でできている

　私たちの体は、じつは星くずでできています。

　豆電球のように夜空に光る星たちは、控えめで古風でありながら圧倒的でもある方法で、私たちのこの繊細な体を作っているのです。

　恒星は、死ぬとき最後に大きな一呼吸を終えると、焼きすぎたスフレのように中心に向かって潰れていきます。このとき、星の外側の物質が、広大な無であり同時に全てでもある宇宙空間に放出されます。毎年４万ｔものこんな星くずが地球に降り注ぎ、そして、その星くずは、地球上の命の絶え間ない営みに使われる元素を含んでいます。

　私たちの体は、宇宙空間で起きたこんな事件、大きな星の燃え残りの産物なのです。そして、今も燃え続けている星はたくさんあります。私たちが愛をこめて「太陽」と呼ぶ星によく似た若い星たちは、ほとんどは水素のかたまりです。その中心温度は1000万℃もあり、そこで水素はヘリウムに変化します。そして、ヘリウムがたまると、ゆっくりと炭素、窒素、酸素、鉄、その他の私たちを作ってくれているさまざまな元素に形を変えていくのです。

　私たちの体の18％を占める炭素は、過去にはさまざまな生き物や森羅万象の一部だったのです。たとえば左の眉毛の上にある一つの原子。それは、私たちの一部になる前にはつるつるした川底の小石だったかもしれません。

　私たちは岩であり波であり、そして木の皮でもあり、てんとう虫でもあり、また雨のあとの庭の匂いでもあります。そして、私たちが足を前に踏み出すとき、目に見えないものも一緒に運んでいるのです。

2

EATING THE SUN
太陽を食べながら

　私たちは、食べたものでできています。そして私たちはみんな、太陽を食べています。

　太陽は本当に偉大です。何十億年もご機嫌で燃え続け、そしてきっとまだあと何十億年かは燃え続けてくれるはず。ただ、私たちは1日ほんの1〜2回、たとえば太陽に向かって運転しているときや、洗濯物を干すときくらいしか太陽を意識することはありません。

　けれども今日あなたが植物を食べたり、または植物を食べて育った動物を口にしたとしら（もしくは、あとで食べかけのオレンジを食べてしまおうかな、などと思っているとしたら）、太陽を食べていることになるのです。食べものに詰めこまれた太陽の光とエネルギーと、その物語を。

　ほとんど全ての植物は、光合成と呼ばれる働きをします。光合成は、葉緑素が、水と二酸化炭素といくらかの太陽の光によって、植物にとっての栄養分（それはつまり、私たちのものにもなります）を作り出す働きです。

　光合成の最初のプロセスでは、太陽の光のエネルギーが、水の分子を酸素と水素に分解します。酸素は植物によって空中に放出され、おかげで私たちは呼吸ができます。一方、水素は、二酸化炭素と組み合わせてブドウ糖を作るのに使われます。

　このブドウ糖は、植物が育ち、風にそよそよと揺れ、時の流れに身をまかせ、葉におずおず触れる詮索好きな指を感じ取るためのエネルギーにもなるのです。これが、私たちが摂取する、太陽からもらう消化可能な栄養分です。

　植物とは違って、私たち動物は、燃える星の光から直接、栄養を得ることはできません。実際、私たちは効率の悪い存在です。動いたり、息をしたり、昨日の午後3時22分に微笑みながら去っていった人のことをあれこれ思い巡らしたり、こんな私たちの営みは、全て植物のめぐみなのです。

13

3

THE MOST LUMINOUS OBJECTS
IN THE KNOWN UNIVERSE

この宇宙で最も輝けるもの

　あなたは、あなた自身の「光度」を持っています。でも、その光の強さは、誰があなたを見ているかによって変わります。

　天文学では、物体の「光度」というのは、その物体が単位時間あたり放射する全ての波長のエネルギーの総量をさしています。光度は恒星について語るときによく使われる言葉で、星の大きさ、質量、温度によって変化します。

　「明るさ」という言葉もあります（天文学では、「見かけの明るさ」と呼びます）。明るさは、光度にも関係しますが、位置、つまり観察者との距離によっても変わります。とても高い光度を持つ天体が、私たちの目には、単なる宇宙の染み程度にしか見えないこともありますが、それはその天体が想像もできないほど遠くで一人燃えさかっているせいなのです。

　地球上から見て、夜一番明るく見える星はシリウスです。でもそれは、単にシリウスが8.6光年しか離れていないのが理由で、決してシリウスが一番光度の高い星だからではありません。シリウスを含む星座、おおいぬ座の中にも、少なくとも他に3つはシリウスの何千倍も光度の高い星がありますが、その星たちは遠くにあるので、暗く見えるのです。

　ごくふつうの明るさの星でも、私たちのいるところからだと明るく見えたりします。すると私たちは、過去からやってきたその光を見て、輝きにうなずき、その星やまわりの星に名前をつけたりします。

　1963年2月、オランダの天文学者マーテン・シュミットは、空にある異様に明るい点を分析していました。最初、彼はそれが近くにある恒星だと考えていたのですが、全く違うことがわかってきました。近いどころか、20億光年も離れていたのです。そして、その距離でそれだけの明るさに見えるた

15

めには、当時知られていたどんな天体よりも高い光度を持つはずだと考えられました。

　シュミットは、その天体を「クェイサー」と名付けました。この名は、英語で「まるで星のような物体」を意味する *quasi-stellar object*（略してQSO）からきています。3C 273と名付けられたこの天体は、おとめ座の中に位置し、星座内でも最も明るく見えるものでした。

　この発見から50年ほどの間に、何十万ものクェイサーが観測されました。クェイサーは、宇宙の中でも最も驚くべきものの一つで、おそらく最も光度の高い天体です。太陽の何十億倍もの大きさを持つブラックホールを抱えた銀河の中心にあり、温度は何千万度にもなると考えられます。

　そしてその膨大な量の光は、まわりにある何にもまして輝き、近くにある星々の輝きをかき消します。けれども、その輝きは不変ではなく、1分前にまぶしく輝いていたクェイサーは、10年後には平均的な銀河くらいの明るさになることもあります。天文学の中では、10年というのはとても短い時間ですが、そういう変化を観測すると、ブラックホールの“食欲”がいかにものすごいかがわかります。つまりブラックホールが、あるときにはガツガツどん欲に天体をむさぼり食い、別のときには、全く食欲を示さない様子がわかるのです。

4

PLANETARY MOTION
惑星の動き

　宇宙の中の、小さくて同時に広大な一つのポケット、それが私たちの太陽系です。この中で、圧倒的に一番大きな天体が太陽です。

　太陽は、太陽系の中で一番大きな惑星である木星の1000倍の重さがあります。私たちがみんな、この燃える星のまわりを回っているのは、月が地球のまわりを回るのと同じく、重力、速度、そして明らかに何かの魔法の働き（55ページ参照）によるものです。

　太陽系の中のほとんどあらゆるものは、太陽の自転軸と同じ向きに自転していますが（これを順行自転と呼びます）、金星と天王星など、いくつか例外があります。金星は逆の向きに自転していて（逆行自転と呼びます）、1回転するのに地球の243日かかります。天王星の自転はもっと変わっていて、ほとんど90度近く自転軸が傾いています。まるで、自分が何をしているのかわかっていないみたいです。

　けれども、とにかくその他のほとんどは、掛け声に合わせたみたいにみんな同じ向きに回転しています。そうなったわけは、銀河ができた最初の頃に遡ります。太陽系が属する天の川銀河は、渦を巻くガスと塵でできていて、その中のものはみんな、何かよほどの止まる理由がない限り、ずっと回り続けているのです。

　「衛星」という言葉は、月のように昔からあるものに対しても、国際宇宙ステーションのような人工のものを呼ぶときにも使われます。もし、その天体や物体が、規則正しく楕円形の軌道を描いて惑星のまわりを回っているなら、それは衛星と呼ぶにふさわしいのです。

　ちなみに、惑星や衛星の軌道が完全な円になることはまずありません。完全な円からは、多少ずれるのです。たとえば太陽のまわりを回る地球の軌道の場合、そのずれの角度は3度ほどです。それは、もし直径100mの円を描

くとしたら、真円からは14mmほどずれるということです（たいていの太陽系の図や絵は、楕円形を大げさに描いてあります）。

とにかく、私たちは軌道が完全な円を描かないことを喜ぶべきでしょう。おかげで、ドキドキしそうな「近日点（惑星が軌道上で太陽に最も近づく点）」や「遠日点（太陽から最も遠くなる点）」という言葉を使えます。このわずかに不完全な軌道は、太陽の引力が巨大であると言っても、全てのものを自分の近くにとどめておけるほどではないことから生まれます。惑星が太陽から遠ざかるほど公転のスピードは落ち、遠日点に達すると、そこから惑星は太陽の方へ落っこちそうになります。そこでまた速度を上げ、近日点では一番速いスピードになります。

はた目には、地球のようにわりあい小さな物体が、太陽のように大きくて動かない星のまわりを回っているように見えるでしょう。けれども、事実としては、全てのものは、「重心」と呼ばれる全体の質量の中心を回る軌道の上を動いているのです。

重心は、たいていの場合一番大きくて動いていないように見える天体の中心のすぐそばにあります。けれども、実際には重心は、惑星の軌道上の位置の影響を受けて、ちょっとだけ動くこともあります。太陽系の中の小さな塵にいたるまで全てのものが、この重心によってつなぎとめられているのですが、私たちがこの太陽系の全ての中心を太陽だと考えてしまうのも、無理ないことです。なにしろ、太陽の重さは、太陽系全体の重さの99.87％を占め、重力の勝負という意味では完全に他を凌駕しているからです。

太陽系の天体がどんなふうに、なぜ動いているかという仕組みを知るまでは、惑星のダンスも当たり前のように思えるかもしれません。けれども、知ってみるともう無関心ではいられないでしょう。

地球の控えめな隣人たちは、長い昼と暗い夜の間、ぼんやりとした鈍い光に照らされながら、ワルツに合わせて、休まず、喝采を浴びることもなく、ただただ踊り続けているのですから。

5

WHAT IS HEAT

熱さって何？

「熱さ」というのは、実際は熱エネルギーのことです。

そのエネルギーは、温度により気体、液体、固体と姿を変える小さな粒子、つまり原子やイオン、分子などの運動によって生まれます。窓枠、氷山、コップ半分の水。ありとあらゆるものが熱エネルギーを持っています。

粒子は、群れをなす人々と同じようにふるまいます。つまり、お互いにぶつかり合い、すきまに割りこもうと肘でついたり、押し合いへし合いしたりするのです。このひっきりなしの衝突が「分子運動論」の基本です。この考え方は、19世紀の終わりに、当時の最も頭の切れる物理学者たちによって打ち立てられました。

たとえば、ある物体の温度が下がると、その物体を構成する粒子の運動エネルギーは減ります。逆に、温度が上がると運動エネルギーも増えます。ものがあたたまったり冷えたりするのは、実際には熱の伝達です。ですから温度というのは、何かから何かへ、つまり私からあなたへ、コーヒーからスプーンへ、ここからそこへ、熱を伝達する能力の大きさなのです。

熱いものから冷たいものへ熱が伝わり、逆のことは決して起きないのはなぜかということを、わかりやすく説明してくれたのは、1870年代に多くの論文を発表したオーストリアの科学者、ルートヴィッヒ・ボルツマンです。

不思議なことに、熱の伝達は、確率にすぎないのです。ボルツマンは、温度の変化は、絶対不変の法則によって起こるのではなく、熱い物質の原子は速いスピードで運動していて、それが冷たい物質を構成する動きの遅い原子と衝突することの方が、統計的に確率が高いため起きるということを発見しました。

もし、たまたまたくさんの衝突が起きれば、熱エネルギーはどんどん伝わり均等になり、互いに接している2つのものの温度は同じになろうとして、

近づいていきます。やがて、物理学の言葉でいう「熱平衡」と呼ばれる、温
度が同じになる状態に達すると、エネルギーのやりとりは終わるのです。

　熱は確定的に非確定的なものであり、ほとんどの場合、置いたところにそ
のままとどまってくれません。何らかの熱をそこに置いて、たった５分背を
向けただけでも、それは完全に消え去ってしまうのです。

6

HOW TERRIBLY ILLUMINATING
光の魔法

　シンプルに言えば、光は宇宙や空間を通してエネルギーを運ぶ一つの方法だと考えられます。けれども、私たちが普段"光"と言うとき、その言葉が、何か神々しいものとして讃え、自分を照らし、また見つめるべきものという意味をまとっているとすると、それは、光のスペクトルの中の目に見える部分だけをさしています。けれども、目に見える部分が全てではないのです。

　目に見える光（可視光線）は、電磁波のスペクトルの中心部分にあります。このスペクトルは、あらゆる種類の電磁波を含んでいて、その中にはたとえば電波のように波長が長く周波数の低いものがあれば、X線のように波長が短く周波数の高いものもあります。

　これらの電磁波は全て毎秒299,792,458mの速さ（光速）で移動し、粒子とも波とも、どちらかに決めることができないものです。物理学者たちは、粒子とも波とも決められないという、この小さいながらも究極の矛盾を「波動—粒子の二重性」という言葉で、なんとか片付けている状態です。

　光は、原子のエネルギー状態が高い状態から低い状態へと下がったときに、もしくは、低い状態から高い状態へと上がったときに放射されます。原子はその際にエネルギーを得るか失うかし、そのエネルギーが光子（フォトン）として放出されるのです。エネルギーが高い状態の原子から光が発せられることを一般に「冷光」（熱をともなわない発光）と呼びますが、これは本当にぴったりの言い方です。光のふるまいは予測できるため、私たちは光を作ったり操ったりできます。光を使って、まるで誰かが陰で操っているかのような、魔法めいたことができるのです。太陽の光も、もしくはその他の照り輝く光源から出た光も、私たちのまわりにあるもの、人や建物、飛ぶ鳥などによって反射され、それらの形や、鮮やかな色彩を見せてくれます。

　光の反射は「鏡面反射」と「乱反射」に分類されます。「鏡面反射」は、ま

23

さしく鏡やガラスや水面のように静止してなめらかな表面に、はっきりと予測できるかたちで光が反射することです。けれども、反射の大部分は「乱反射」です。それは、ほとんど全ての命あるものや物質の表面は不規則だからで、そこに当たった光は散乱し広がるので、予測が難しいのです。

　また、光はある種のものを通して進むときには屈折します。この「光が曲がること」は、メガネをかけている人にとって、とりわけ役に立ちます。私たちがレンズを通して見る光は、屈折しているのです。

　また、光は「回折」、「干渉」と呼ばれるふるまいもします。「回折」とは、光が障害物の裏側まで回りこむこと、またはすき間を通ってから広がって進むことをさしています。たとえば、薄目を開けて街灯を見たとき、光が奇妙な広がったトゲトゲに見えたとしたら、それは「回折」の一例です。

　「干渉」は、２つの波長の光が合わさることです。完全に合わさってお互いを打ち消し合うか、もしくは、ずれて合わさることで波長が大きくなったり変化したりするか、どちらかです。たとえば洗剤の泡の表面が虹色に光るのは、干渉の例です。泡を作る洗剤の膜の厚さが場所によって違うため、異なる波長の光を反射し、それらが干渉し合って、さまざまな色に見えるのです。お皿を洗うときに、今までと違う目で泡を見てしまいますね。

　太陽はとても強大で、常に莫大な量のエネルギーを放射しています。地球にふり注ぐのはそのうちほんのわずかですが、それだけで私たちの昼を十分照らしてくれます。その光は、常に少しだけ遅れて地球にやってきています。私たちが今見ている光は、８分前の太陽が発した光なのです。

　けれども、こんな宇宙レベルの光の到着の遅れは、日没の素晴らしさを損なうわけではありません。今この瞬間はもうそこには存在していない太陽を見ていたとしても、それはいつも心を揺さぶってくれます。

　もし太陽がなくなったら、つまり結果として光がなくなったら、私たちの存在は、全く違ったものになるでしょう。そして、私たちは単にそれを見ることさえかなわないのです。

7

ATOMS ARE WORKS OF ART
原子は芸術作品

　原子を絵にして、よく空調のきいた広い美術館の白い壁にかけ、静かな驚きとともに眺めると良いかもしれません。

　「原子ギャラリー」と呼ぶべきこの部屋では、私たちは「ほら見て！　考えられないよね。こんな小さくて予測不可能なもので全てができているなんて」と、声をあげることでしょう。

　ずば抜けてきらめく才能にめぐまれていたアメリカの物理学者リチャード・ファインマンは、1960年代初めに行った彼の講義で、こんなふうに語りました。

　「もし天変地異によって、今まで蓄積された全ての科学知識が失われ、次の世代のためにたった一行だけしか残せないとしたら、一番少ない言葉で最も情報量が多いのはどんな文でしょう？　それは、原子仮説だと私は信じています（あるいは原子に関する事実と言ってもよいし、他の好きな呼び方でも）。その説の中では、全てのものが、原子という、絶え間なく運動し、近い距離ではお互い惹き寄せられながらも、あまり近づくと合体しないように反発し合う粒子からできていることがわかっています。想像力と思考をちょっぴり働かせれば、この一文に、世界についての膨大な情報がつめこまれているのがわかるでしょう」

　原子は、私たちが宇宙を理解するために決定的に重要です。そして、この太陽の下にあるもの全てが原子でできているという発想は2500年以上前からありましたが、この200年ほどの間に、それ以外のことは考えられないことがわかってきたのです。

　今や私たちは、恐ろしく解像度の高い顕微鏡を使って、原子を見ることができます。さらに、宇宙全体を作っているその原子を、ほんの少しだけですが動かすこともできるのです。

つい最近までよくわかっていなかったこんな美しいアイデア、原子の重要さ、その性質、全ての人と全てのものを同じ一つのレベルに立たせてくれるという原理。私たちの良い選択、間違った選択、両手を広げた幅、人格の統一性、そういったものは、あなたを作っている70億の10億倍のそのまた10億倍個の原子の働きなのです。

おおざっぱに言えば、一つひとつの原子には、中心に正の電荷を持つ原子核があり、そのまわりを負の電荷を持つ電子の雲のように取り巻いています。電子の雲は、それぞれダンスをしながら、他の原子を魅了して惹きつけたり、他の原子と反発し合ったりします（この複雑な魔法について語るのが、量子力学です）。

原子がなければ、何も存在できません。あなたの今読んでいる本も、今朝ポケットの中でインク漏れしていたペンも、足がすくむような超高層ビルも、何もかも。原子がなければ質量も分子も物質もなく、あなたも私も、存在できないのです。

8

PLANTS BEHAVE BETTER

植物の賢い生き方

植物に比べると、人間の生き方は、信じられないほど近視眼的です。

私たちがとても頻繁に生まれたり死んだりするのに比べて、植物の中には、何百年も、ときには何千年も生きるものがあります。そしてその時間感覚の違いは、人間が植物たちを守り理解することが出来ないという事態の一つの原因かもしれません。

けれども、今、私たちは植物をもっとよく理解しようとがんばっています。

植物は、動物のほとんどが持っている、情報を伝達する神経細胞「ニューロン」を持っていませんが、植物には独自の「知性」があります。それについての研究は「植物の神経生物学」として知られ、その研究者たちは、植物が記憶や学習、問題解決をすることを発見しました。

ただ、この分野で「知性」という言葉が使われるとしても、「意識」と混同されるべきではないし、また「知性」も「意識」も、ヒトや動物が持つような複雑な思考方法と混同されるべきではありません。

植物の「知性」について、擬人的に語ると問題が生まれることがあります。というのも、植物は、私たちとは違ったものを優先しているからです。私たちはあちこち移動できますが、植物は、私たちが逃げ出すような場面でも、その場にとどまって対処しています。

植物は一箇所にとどまって生きなければならないため、化学的に精妙で複雑な方法で生き残って行くように進化しました。植物は、水や養分を吸収し、育ち、殖え、そして逃げることができない状態の中で身を守るために、動物よりも、より広く周囲の環境に「知識」を持たなければならないのです。

樹木は、植物の複雑さと知性の目もくらむようなサンプルです。木々の根はお互い直接に、または「菌根菌」と呼ばれる菌類を通して関係し合っています。菌根菌は、木々の根に寄り添い、最高に重要な共生関係の半分を担っ

ているパートナーです。菌根菌がいなければ、木々は土中から十分なミネラルを吸収することができません。一方、菌類は葉緑素を持っていないため、木々に栄養を分けてもらわなければ育つことができないのです。

　また、樹木は、自分自身の根と、他の植物種や自分の親戚筋である植物の根を識別しているようです。そして、病気になったり、生きづらいことが起きると、他種であっても互いに助け合い、栄養を分け合うことがあります（たとえば、冬にポプラは針葉樹のようにはうまく生きられません。すると、針葉樹はポプラに手を貸すのです）。これは、自分だけがうまく生き残ろうとするよりも、他者と助け合う方が結果的に生きやすくなるという理由からと考えられます。実際、別の木と強く結びついている木の場合、両方が同時に枯れることがあります。

　ある意味、樹木は自分たちが何をしているかわかっています。樹木は、私たちよりもずっと時間をかけて動いています。たとえば、人間が筋肉を動かすのに神経の刺激は毎秒119mの速さで送られ、また痛みの信号は毎秒0.61mの速さで伝わりますが、木々の細胞の電気信号は、毎秒0.00014mの速さでしか伝わりません。このことは、私たちから見ると反応が遅いように見えますが、樹木が、天気やウィルスや土壌の変化などのストレス要因に適応するには、この速さがちょうど良いのです。

　今も毎年、何千もの新種の植物が発見されていますが、すでに私たちが知っている植物の5分の1以上が絶滅の危機にさらされています。植物がそこにあることは、人間にとってあまりにも当たり前すぎて、私たちは、食べ物、燃料、薬、そしてさまざまな資源として自分たちがどんなに植物に依存しているか、また、植物がこの地球の温度、天候、大気の組成などを調整しているということを忘れがちです。私たちはあまりにも多くを望み、欲しすぎているということがどんどんはっきりと見えてきています。

　今は亡き民族植物学者、ティム・プラウマンの言葉を借りるなら、「植物は光を食べることができるのです。それ以上のすごいことがあるでしょうか？」

9

MILKY SOLAR GALAXY SYSTEMS
天の川銀河と太陽系

恒星のまわりを惑星が回る「惑星系」は、宇宙ではありふれたものです。

そして、私たちの太陽系は、「太陽」と呼ばれる恒星を中心に、惑星とその他全てのものが直接、または間接的に、太陽のまわりを回っています（偶然にそうなった訳ではありません。宇宙には偶然はあり得ないからです）。「その他全てのもの」には、衛星や小惑星、岩や大量の塵などが含まれています。

私たちの太陽系は、天の川銀河と呼ばれる銀河の一部です。この銀河は、ものすごく多くの星たちの集まりで、宇宙の他の銀河から遠く離れています。天の川銀河の幅は11万光年ほどあり、太陽は1000億から4000億個もある恒星のうちの一つにすぎません。そして、その多くが、太陽と同じようにまわりを回る惑星を従えています。

銀河は、まるで人間の自尊心のように、いろいろなサイズのものがあります。私たちの銀河はかなり広々としていますが、私たちのご近所さんであるアンドロメダ銀河のように、もっとずっと大きな銀河もあります。

「宇宙（ユニバース）」という用語は、私たちがいるこの宇宙空間の中で、正体のわかっているもの、いないもの全てをさす言葉です。1920年代くらいまでは、天文学者たちは、空に見える全ての星が天の川銀河に属していると考えていました。実際には、この宇宙には数え切れないほどの銀河が存在しているので、そのような考え方があったということは、ほほえましいような気もします。

でも、本当を言えば、私たちは遠くをどこまでも見ているわけではありません。確かに、今では天体望遠鏡の発達によって、はるかかなたにある何十億もの別の銀河やそこで起きる現象を観測し、とても詳しく研究することができます。それでも、私たちのところまで信号が届かず、決して観測できない領域もあります。それは膨張し続けているこの宇宙の中で生きる私たちの

宿命です。

2014年9月、天文学者たちは、天の川銀河が属しているこの銀河集団は、以前考えられていたより100倍も大きく、幅が5億光年あることを発見しました。銀河は、互いにグループや集団を形作っています。中でも密度の高いものは「超銀河団」と呼ばれていて、私たちのいるのも「超銀河団」であることがわかってきています。天文学の世界では、この超銀河団を「測りきれない天空」という意味のあるハワイ語で「ラニアケア」と呼んでいます。

このことにワクワクしないとしたら、何にワクワクすればいいでしょうか？

10

YOU ARE NOT YOURSELF TODAY
今日、あなたはもうあなた自身ではない

　ずっと不変の「あなた」や「自分自身」という考え方は、もともと混乱と矛盾を含んだ頼りないものです。このことをあまり長く考え続けると、不安になって、全てが疑わしく感じるようになるでしょう。

　5分前、数時間前、何年か前といった過去の私たちを、自分自身であり続けさせているものとは、いったい何でしょうか。「自分自身」という考え方は、物理的な体や外見、記憶といったものと、複雑に絡み合っています。

　私たちは、自分自身を、壁にピンで固定して留めることはできません。私たちが「自分自身」であるというのは物語のあらすじのような、終わりなく進む一つの主題の変奏のようなもので、それが過去と現在と未来の自分とをつなげている糸なのです。

　私たちは、自分自身と世界を物語の一部のように考えることで、その意味を理解しているようです。主要な登場人物がいてお互いに影響し合い、起承転結がある物語です。無茶なことや矛盾に直面しても、脳は断固として物語とあらすじを組み立てます。そして、人生のほとんど全ては、他人と、つまり他人が自分をどのように見ているかということに関係しています。

　私たちは、自分はこう行動しようとか、こうしないようにしようとか考えますが、じつはしょっちゅう間違いを犯し、ドキドキしています。つまり「自分らしくない」行動をとってしまうのです。ストレスがたまりますが、私たちは、自分が言ったり、したり、または考えたりしたことが人生におよぼす影響を、選んだりコントロールしたりすることはできません。

　どういう立ち位置にいるかによって、「自分自身」という問いに対し、さまざまに違った、互いに矛盾する考え方が生まれます。18世紀スコットランドの哲学者、デヴィッド・ヒュームは、「自分自身というものは、知覚の束にすぎない」と言いました。また、アメリカの哲学者、ダニエル・デネット

は、自分自身を「物語的重力の中心」と呼びました。さらに、社会心理学者のヘイゼル・ローズ・マーカスは、「あなたは自分で自分自身になることはできない」と言っています。

　たぶん私たちは、自分で信じているほどには輝かしく特別に重要な存在ではないかもしれません。とはいえ、なんとか世界で生き抜く程度には自己意識が必要ですし、その自己意識は、私たちが人生の中で心をくだく、愛情や学習などのいとなみにとって欠かせないものです。

　私たちは絶え間なく「自己」を創り続けていますが、それはただ、黙って待っていれば見つかるようなものでもないのです。私たちがどれほどこのことを考えていたとしても、またはこの大変こんがらがった問いの中で思考停止していたとしても、「自分」、「私」、「私自身」、「私たち」と考えるときに、そこにいろいろな意味が含まれるということを気にとめておくと、多少なりとも安心できるかもしれませんね。

11

MITOCHONDRIAL EVE
ミトコンドリア・イブ

　私たちは年がら年中、自分たちがどういう存在でどこからやってきたのか知りたい気持ちでいっぱいです。もちろん、私たちが「自分たち」だと思っている人類について。でも、その人たちは、もしかしたら全く私たちとは違う集団なのかもしれません。遺伝学的に言うと、私たちは地球上のあらゆる地域に住む他の人々と、DNA（デオキシリボ核酸）の99.9％を共有しています。それだけでビックリかもしれませんが、ちょっと聞いてください。私たちのDNAは、チンパンジーとも1.3％しか違わないのです。また、90％は猫と、80％は牛と、60％をニワトリと、もしくはショウジョウバエと共有し、バナナとさえも50％の遺伝子を共有しています。このことは、すごい事実のようにも、どうってことないようにも思えます。というのも、地球上の全ての生きものは、程度の割合で遺伝的に共通しているからです。

　「ゲノム」という言葉は、一式そろったDNAをさします。そして、あなた自身のゲノムには、あなたがこれまでどんなふうに発達し形作られてきたか、また今はどうか、これからどうなるのか決定づけるための指示が書きこまれています。DNAの全ての分子は、2つのらせん状の鎖からなっています。この2本の鎖は、お互いに必要以上に近づかないよう、常にびくびくとダンスをしています。鎖を作っているのは、ペアになった塩基（塩基対）です。ヒトのゲノムは、30億の塩基対を持っていますが、そのうちそれぞれの個人同士で違う部分は、0.1％ほどしかありません。これがどんなに意外に聞こえるとしても、この地球上に暮らす人類のそれぞれの違いを生み出すのに、そのちょっとの差異だけで十分なようです。

　遺伝的な特徴を過去に遡ると、「最も近い共通祖先」（MRCA）にたどり着きます。これは、ある生命体の集団全体に共通する祖先のうち、最も近い時代に存在した個体です。ヨーロッパに住む人間について見ると、その共通

祖先は400～600年前の人です。地球上にいる全ての人類の共通祖先は、3000年ほど前に生きていたと考えられています。もっと遡って、母系と父系それぞれの共通祖先をおおまかに特定することもできます。母系の祖先は、「ミトコンドリア・イブ」という名で知られ、ミトコンドリアDNAをたどることでつきとめられました。ミトコンドリアDNAは、ほぼ母方だけから遺伝し、世代間で全く変化せずに受け継がれます。この「ミトコンドリア・イブ」は、20万年前に生きていた女性と考えられています。父系の祖先は、「Y染色体アダム」と呼ばれ、Y染色体を通して遡ります。Y染色体は、遺伝子が組み換わることなく父親から息子へ伝えられます。「Y染色体アダム」は、23万7千年～58万1千年前に生きていたと考えられています。

　これらのこと全てが何を意味するか、系統学者が研究していますが、まだはっきりしていません。人類がこの地球上でどのように広がったのかについては、さまざまな説が唱えられてきました。この問題の答えを見つけるのは大変な作業です。ミトコンドリアDNAを通じて描ける人類の分布変化の地図は不完全ですし、人類の歴史年表を描く資料となる化石の年代測定も、うまくいく場合とそうでない場合があるからです。このことを、遺伝人類学者のジョン・ホークスは簡潔にまとめてこんなふうに言いました。「人類の起源についての科学を、大きなスケールで再構築するのが、私たちの務めだ」

　私たちが互いに、ほんの少しずつしか違わないということは、目からウロコです。けれども、同じであることはもっと目からウロコです。私たちのDNAは、パスポートに書かれている情報とは全く無関係で、ただゆっくりとした規則正しい生物学上の進化とのみ関連しています。人間は、今も領土だとか国境だとかにこだわり、半狂乱になって自分たちを正当化しようとしますが、遺伝学の光に当ててみると、そんなことは全くばかげていて時代遅れで、野蛮なことと言えそうです。

　はっきりしているのは、私たちがどんなふうにして今存在しているのか、まだちゃんとわかっていないということなのです。

12

I'LL BE WHERE THE BLUE IS
私は青のある所にいるよ

　もし青い色に全く関心のない人に出会ったら、戸惑うでしょう。そして、その人にとっては、生きることはきっと耐えがたいものであるはずです。地球の表面の71％は輝く塩からい水に覆われ、空はどこまでもセルリアン・ブルーの投影なのですから。その色はあまりにも全てを取り囲んでいるので、人類の長い歴史の中で、（エジプトは除いて）その色を呼ぶ言葉がろくに生まれて来なかったことが不思議に感じられるほどです。

　色としての青は、じつは信じられないほどつかみどころがないのです。アントシアニンを豊富に含む植物は純粋に青色をしています（たとえばブルーベリー）。けれども、動物の多くは、この色素を作り出すことがありません。ですから、ほとんどの場合、「青い」生き物は、実際には玉虫色をしていて、選択的に青い光を反射することによって、青く見えるだけなのです。（23ページ参照）

　「レイリー散乱」という名で知られている現象があります。北米大陸にいるアオカケスという鳥が青いのも、空が青いのも、この現象によるものです。アオカケスの場合では、羽に光を散乱させる空気嚢があります。羽には同時にメラニン色素もあるため、この空気嚢がなければ黒く見えます。けれども空気嚢が光を散乱させるので、この鳥の羽はあらゆる青のバリエーションに見えるのです。

　そして、空を見上げれば、地球の大気を通るときに空中の粒子にぶつかりながら射してくる太陽の光が見えます。青色は、光に含まれる他の色に比べると短く小さな波長を持っているため、他の色よりも散乱しやすいのです。その結果どうなるかって？　つまり青空です。

　海もほとんど同じ理由で青く見えます。水の分子が赤や黄色、緑色の光の波長を吸収してしまい、青だけが残るのです。ただし、海の青色は水の中の

粒子や沈殿物がはね返す緑色や赤色の方に寄ることもあります。光以上に、海の色に影響するのは、植物プランクトンです。これは、葉緑素を持っていて光合成をする小さな生命体で、スペクトルの中の緑色を反射します。つまり、植物プランクトンが多く棲む海の色は、プランクトンの少ない、たとえばカリブ海の透明な海のような色より、緑色がかって見えることもあります。

　プルシアン・ブルー、ダーク・ブルー、コバルト・ブルー。まばたきすると、見落としてしまいそうです。

13

LONG-DISTANCE RELATIONSHIPS
遠く離れた関係

　星と星の間の距離は、なかなかつかめないものです。

　天文学者は、宇宙的スケールのこの巨大な間隔を、ありとあらゆる方法で測ろうとします。たとえば宇宙の膨張を考えに入れ、恒星の色を元にし（星の色は、表面温度や、星の年齢によって変わります）、明るさの違いを観察して、距離を割り出します。中でも、天文学者が最もよく使うのは「視差」を利用する方法です。

　「視差」は、シンプルに言えば、見る位置によって、同じものが違った位置にあるように見えるということです。たとえば、顔の前に鉛筆をかざし、片目ずつ閉じると、鉛筆が移動して見えるようなものです。

　ある恒星を、1年のうちで時期を変えて観察し、その背後にある宇宙空間や遠くにある天体と比べたとき、その恒星が動いて位置を変えたように見えることを「年周視差」と呼びます。これは、宇宙空間での距離を測るために使われてきた、最も古い方法の一つです。天文学者は、ある星を観測し、6ヶ月後にまた同じ星を観測します。そうすることによって、その星がどれくらい遠くにあるかを算出するのです（この方法には、三角関数がたくさん使われます）。

　「視差」を意味する英語のparallaxは、宇宙の中で距離をあらわす単位「パーセク（parsec）」の最初にある「par」の元になっています。1パーセクは3.26光年で31兆kmです。

　パーセクは、宇宙空間での距離を測るのに一番便利なものの一つですが、天の川銀河の外側に広がる巨大な空間を測るためにはこの単位でさえ足りず、1000倍ずつ大きくして使う必要があります。私たちの銀河に比較的近い天体を測るときには、1000倍の「キロパーセク」が使われます。他のほとんどの銀河について言うときには「メガパーセク」になり、ものすごく遠くに

ある銀河や大半のクェイサー（15ページ参照）の距離の場合には「ギガパーセク」を使います。観測できる宇宙の端、「粒子の地平」と言われるところは、私たちから14ギガパーセク（450億光年）以上も離れています。

　地球には大気があるため、空の星はぼやけて見えます。つまり、地上に置かれている天体望遠鏡の精度には限界があり、せいぜい100パーセクほどの距離までしか観測できません。

　けれども、宇宙空間に天体望遠鏡を置けば、そのような制限を受けず、地上から観測するよりもずっと遠くを観測し、天体までの距離を測ることができるのです。

　正確な距離、つまり「直線距離」は、天文単位（AU）を基本としてあらわされます。天文単位は、地球から太陽の平均距離です。これによって測れるのは、1000パーセク以下の距離のものだけです。

　それ以上の距離は、さまざまな方法を組み合わせて算出します。観測方法同士が関係し合い、影響し合っているからです。それらの測定方法は、全部まとめて「宇宙の距離梯子」「銀河系外の距離尺度」などという言葉で呼ばれています。

　とにかく、こうやって考えてみると、人間というのは本当に、とてつもなく、打ちのめされるほどに小さなものなのです。

14

CLOUDS TO BREAK YOUR HEART
雲に泣く

　いつもどんなときも、雲は地球の３分の２を覆っています。地球のリズムになくてはならない雲が、あなたのかわりにたくさんのことを決めているのも、驚くことではありません。

　たとえば今日履いていく靴や、なにかを待つかどうか、そして利用する交通機関など。雲は、あなたのかわりにそういったものを喜んで決めてくれるのです。暗く立ちこめた雲は、私たちを何日も家に閉じこめるでしょうし、青空が広がってきたら、やっと外に出てチューリップの球根を植えられるかもしれません。雲は語り、私たちは気づかないうちにそれに耳を澄ませているのです。

　いつもそこにあるにも関わらず、雲は、気象学者にとって、シミュレーションモデルを作ってでき方や動きを予測するのが難しい存在です。雲は、空中の水蒸気か氷の結晶が、煙や塵や塩分のような「凝結核（ぎょうけつかく）」と呼ばれる大気の中の微粒子（びりゅうし）とくっついてできます。大気中の水分が飽和状態を越えて、もうそれ以上水蒸気を水蒸気のままで含んでいられなくなると、微粒子とくっつくのです。

　水蒸気は凝結核を中心に凝結して、雲の小滴を作ります。この小滴が数え切れないほどたくさん集まると、信じがたいことですが、大きなゾウ100頭ぶんもの重さになります。

　このとんでもない重さにも関わらず、雲の中の水滴は何十kmにもわたって広がります。けれども、とても小さな水の滴には、重力はほとんど及びません。水滴がある程度大きく重くなったときにやっと、水滴は、あなたや私の上に雨として降り注いできます。

　雨にならない水滴は、雲の中にとどまります。そして、私たちはそれを絵に描いたりもします。雲が太陽光線をはねかえしたり、散乱させたり、また、

47

地球上に熱を滞留させて暖かくしたり、反対に熱を吐き出して涼しくしてくれるいとなみは、私たちにとって必要不可欠です。

　雲の粒子は、太陽光の全ての波長の光に対し、平等に接します。つまり、どの波長の光も同じように散乱させるので、雲はあのおごそかな白い色に見えるのです。ただ、雲の厚さや太陽の位置（日の出のときには低いところにあるなど）によって、雲の色は微妙に変わります。叙情的な色のバリエーションと、白とグレーの繊細さとをまとうのです。

　nimbostratus（乱層雲）、noctilucent（夜光雲）、cirriform（巻雲）、lenticularis（レンズ雲）などの、ラテン語を語源とする詩的な分類名から感じられる、つかの間に見える雲の美しい形。その美しさは、儚さとともにあります。夕立や台風、モンスーン、竜巻などによってその形はすぐに吹き飛ばされ、壊れてしまうのです。

　雲がいかに絶え間なく形を変え、繊細なものかに気づいてしまったら、胸が痛くなって、思わず声を出して泣いてしまうかもしれません。

15

DOES ANYBODY ACTUALLY KNOW WHAT TIME IS

時間って、本当は何？

「時間」についての私たちの概念や理解は常に変化し進歩していますが、それでも「時間」は、この宇宙の中で最も捉えるのが難しいものの一つです。というのも、時間は、あるときには相対的で実体がなく、またあるときは現実的なものであったりするからです。

本当のところ、時間は、私たちが認識しているような、ある日から次の日へ続くという形では存在していないとも言えます。ふだん「時間」と呼んでいるものの大部分は、単なる記憶か、未来への期待かのどちらかかもしれません。

古代文明では、たとえば毎年ナイル川で起きる氾濫や、日時計の影の長さから時間を計りました。けれども、現代の私たちは、アインシュタインの「一般相対性理論」に基づいて時間を理解しています。つまり、その理論で言えば、時間は一つの座標でしかありません。すなわち、いつもどこでも同じ速さで流れるわけではないし、単純な1本の線のようなものでもなく、4次元の時空の中に存在するのです。

時間は、本来、一方向のみに流れる非対称的なものです。1927年に、イギリスの天文学者アーサー・エディントンは、「時間の矢」という用語と考え方を打ち立てました。エディントンは、もし時間が対称的なものであったとしたら、この世界は完全におかしなものになってしまうと気づいたのです。そのおかしさは、たちどころにハッキリと目には見えないかもしれません。たとえば、太陽のまわりを惑星が回っているビデオを逆回ししても、ふつうに再生したビデオとの違いははっきりせず、全て物理の法則にかなっているように見えるでしょう。でも、本を床に落とすシーンのビデオを逆回しする

51

と、本が床から飛び上がって元に戻るという不条理が起こります。そして、私たちは、過去を記憶していますが、未来の記憶はないのです。

「時間の矢」という言葉は、たいていは熱力学的な時間の矢に対して使われます。これは、19世紀に発見された、熱、仕事、エネルギー、そして温度の関係を定義する4つの法則の一つ、「熱力学の第2法則」と深く関わっています。この法則は、ある閉じられた系、つまり私たちの宇宙では、ものごとの無秩序さや混乱の尺度である「エントロピー」は必ず増えていくということを示すのです。

時間がたつにつれ、エントロピーは増大します。エントロピーで時間を計ることはできませんが、宇宙のエネルギーがゆっくりと確実に、究極の無秩序に向かっていることがわかっています。ものごとは、きちんと整った方へは戻らず、私たちは昨日に戻ることもできません。熱力学の第2法則は、何気ない顔で、時間の向きを規定しているのです。

他にも、いくつもの時間の矢があり、それらの矢同士の関わり合いはいろいろです。たとえば宇宙の膨張の方向を示す「宇宙論的な時間の矢」、波源から出た波が外向きに伝わっていくという「波の時間の矢」、はじめに原因があって後に結果があるという「因果の時間の矢」、そして、有名なシュレーディンガー方程式で示される「量子の時間の矢」。量子の世界では、時間が対称性をもつとされますが、誰も、この時間の矢がそれ以外の時間の矢とどう結びついているのか、はっきりと理解できていません。その他、心理学的な時間の矢もあります。私たちが、すでに知っている過去から、まだ知らない未来へと移動しているように感じるのがそれです。

文化によって、時間の捉え方は全く違い、それが私たちの時間という感覚に影響しています。ある言語では、過去は後ろにあり、未来は前にありますが、他の言語では、過去が前にあり、未来が後ろにあったりします。これは、おそらく過去はすでにわかっているので見ることができ、つまり背後ではなく目の前にあるという考えからきているのでしょう。またある言語では、時

間を旅してきた距離になぞらえて「長い1日」と言い、別の言語ではふえて
いく量になぞらえ「1日いっぱい」のように言います。

　英語では、時間は左から右へ直線的に進むと考えますが、中国語では、上
と下と考えるし、ギリシャ語では時間が大きかったり小さかったりします。
そして私たちは、ある言葉を、その言葉がさしているものごとそのものであ
ると考えてしまいがちです。

　でも、それもまた良いでしょう。私たちは夜空に「過去」を見ているわけ
です。光は毎秒299,792,458ｍの速さで進みますが、宇宙の彼方からの光
は、そんな高速でさえ、私たちがノスタルジックな気持ちになる頃にようや
く地球に届きます。

　そして、頭のてっぺんは、足の裏よりもほんのわずかに速いスピードで年
をとります。というのも、重力が大きいほど、時間はゆっくりと流れるから
です。山の頂上は、海の底よりも速く年をとっていくのです。そして、あな
たが下や左、北東もしくは私の後ろにいるとしても、または、明後日あなた
が電話をしてくれたり、私があなたからの電話をすっかり忘れたとしても、
私たちが秩序と混沌の間で会う約束をしたら、あなたはきっと、時間通りに
来てくれるでしょう。

16

WHAT KEEPS THE MOON UP THERE
月はなぜ空にあるの

　私たちの太陽系では、いろいろなもの同士の間に、互いに引き合う力が働いています。それをグッドタイミングと呼んだり、重力と呼んだり、めったにないラブストーリーと呼んだりします（実際のところ、たいていは重力ですが）。

　月について言えば、月は地球だけを見ています。地球は自分のまわりを回る月を引っ張っていて、「求心力」つまり「中心に向かう」力がそこに働いています。

　この求心力は、月が正反対の方向へ行こうとする「遠心力」つまり「中心から離れようとする」力と釣り合っています。月は、ひとりではどうすればいいかわからず、毎時3683kmの速さで地球のまわりを回っています。宇宙にある物体は、何かに妨げられることがない限り、好んでずっとその状態を続けるのです（これは「慣性」と呼ばれます）。

　これは、月の速度と、互いに等しく引き合う力という2つの物理法則が重なったことによるたわむれです。それらの物理法則は、月がいつも私たちのそばにあることを請け合ってくれています（ただし、実際には、月は毎年3.8cmずつ地球から遠ざかっているのですが）。

　この魔法のような力は、惑星や恒星など質量を持つ全てのものが、それ自身の質量によって周囲の時空を歪めることから生まれます。そして、地球は月よりも大きいので、月に影響を与えるほど大きな時空の歪みを生み、月を支配し地球のまわりを回るよう "命じて" いるのです。

　でも、月はそんなことを気にはしないでしょう。なにしろ、地球から目をそらすなんてことが、月にはできないのですから。

17

CLASSIFICATION
分類学

　全ての生き物、つまり有機体は、共有するシンプルな特徴にもとづいたグループに分類することができます。

　そして、そのグループはさらに細かい特徴を共有する小グループに分けていくことができるのです。これが「分類学」と呼ばれる方法です（英語で分類学をさすtaxonomyは、ギリシャ語で配列という意味のtaxisと、方法という意味のnomiaを合わせて作られた言葉です）。

　今私たちが使っている分類体系は、1735年にスウェーデンの植物学者カール・リンネ（ラテン名：カロルス・リンナエウス）が出版した『自然の体系』という本が元になっています。ただ、私たちは、今あるいくつかの分類学の体系を総称して「リンネ式」と呼んでいますが、そこには、時代の変化とともに大きな修正が加えられてきました。たとえばリンネが当初考えていた「鉱物」というグループは、早々に捨て去られてしまいました。

　今、私たちは全ての有機体を階層に分けて分類しています。それは、ドメイン（域）、界、門、綱、目、科、属、そして種で、種は最も小さく、明確なカテゴリーです。

　たとえば、私たち人類は、哺乳綱、霊長目、ヒト科に属しています。この分類体系では、全ての生き物に、属と種をあらわす2つのラテン語名から成る学名が与えられ、これを「二名法」と呼びます。学名は常にイタリック体で表記され、最初の文字は大文字、2語めの最初は小文字で書きはじめると決められています。たとえば、私たちヒトであれば *Homo sapiens*（ホモ・サピエンス）となるのです。

　リンネ式の分類法は、系統発生学や進化の上での関係よりも、それぞれの生物が持つ似通った特徴を中心にしています。けれども、リンネ式の他にもいろいろな分類法があり、たとえば遺伝的な特徴や「最も近い共通祖先」

（39ページ参照）をたどっていく分岐分類学というものもあります。分岐分類学のような分類法は、伝統的な分類学を組み入れつつ、その主な目的は、進化の歴史を解き明かすことです。

　興味深いことには、これらの分類法が、科学者の間でラテン語の飛び交う論争を巻き起こしています。というのも、新種の生物も古くから知られている生物も、どういう定義で分けるかによって、あっちの属に入ったり、こっちの科になったりして、なかなかきっちりと名前ラベルを貼ることができないのです。

　意見の違いはとりあえず棚上げにして、私たちは、ものごとに名前のラベルを貼りたいという狂おしいほどの衝動を生まれつき持っているようです。ものごとを完全に理解してコントロールするために、まず先にそれを言いあらわす言葉が必要なのです。「今」よりも前に「あのときこうだった」が必要なのです。

　また一方で、ものに名前をつけることはより良いコミュニケーションにもつながります。「知っているもの」が「おなじみのもの」になり、ちょっとカッコもつきます。私たちはもともと社会性動物で、秩序があり手間の省けるものが好きなのです。

　自分の知っている世界を簡潔な用語で整理すれば、頭の中に余分なスペースが生まれ、そこに夢を詰めこむことができますから。

18

DAYS AND YEARS
日と年

　ある年のことはよく憶えていて、別の年のことは全く忘れていることがあります。

　世界では今40種類くらいの違った暦（こよみ）が使われていますが、本当の「太陽年」とぴったり合っている暦は一つもありません（太陽年は、回帰年、銀河年、宇宙年とも呼ばれ、地球が太陽のまわりを一周する時間をさします）。

　とにかく、私たちは、過ぎていく時をなんとかつかまえようと必死です。

　今、一番広く使われている暦は、グレゴリオ暦です。これは1582年に導入されましたが、それまで使われていたユリウス暦とは1年の長さがほんの11分違うだけです。

　ユリウス暦は1000年以上使われ続けるうちに、暦と、実際の春分や秋分、夏至や冬至、それにイースター（復活祭）とのずれが大きくなってしまいました。イースターを正しく決められるようにすることは、グレゴリオ暦を定めるときに、最も重視されたことです。（訳注：イースターは春分後最初の満月の次の日曜日）

　このため、1年の長さは、ユリウス暦の365日と6時間から、365日と5時間49分に改められたのです。それ以来、多くの人々がこの暦を使ってきました。現在の最新式グレゴリオ暦では、4年に1回あるうるう年を、100で割り切れても400で割り切れない場合は飛ばす、ということになっています（細かいことですが）。さらに、ユリウス暦からグレゴリオ暦への改暦をきちんとするために、歴史の中から10日を抹消しなくてはならなかったのです。このため、1582年の10月5日から14日までは、存在しません（さらに細かいことですが）。

　はじめて1日を24の部分に分けたのは、古代エジプト文明だったとされています。ただし、古代エジプト人たちは、1時間を客観的に計る手段を持

59

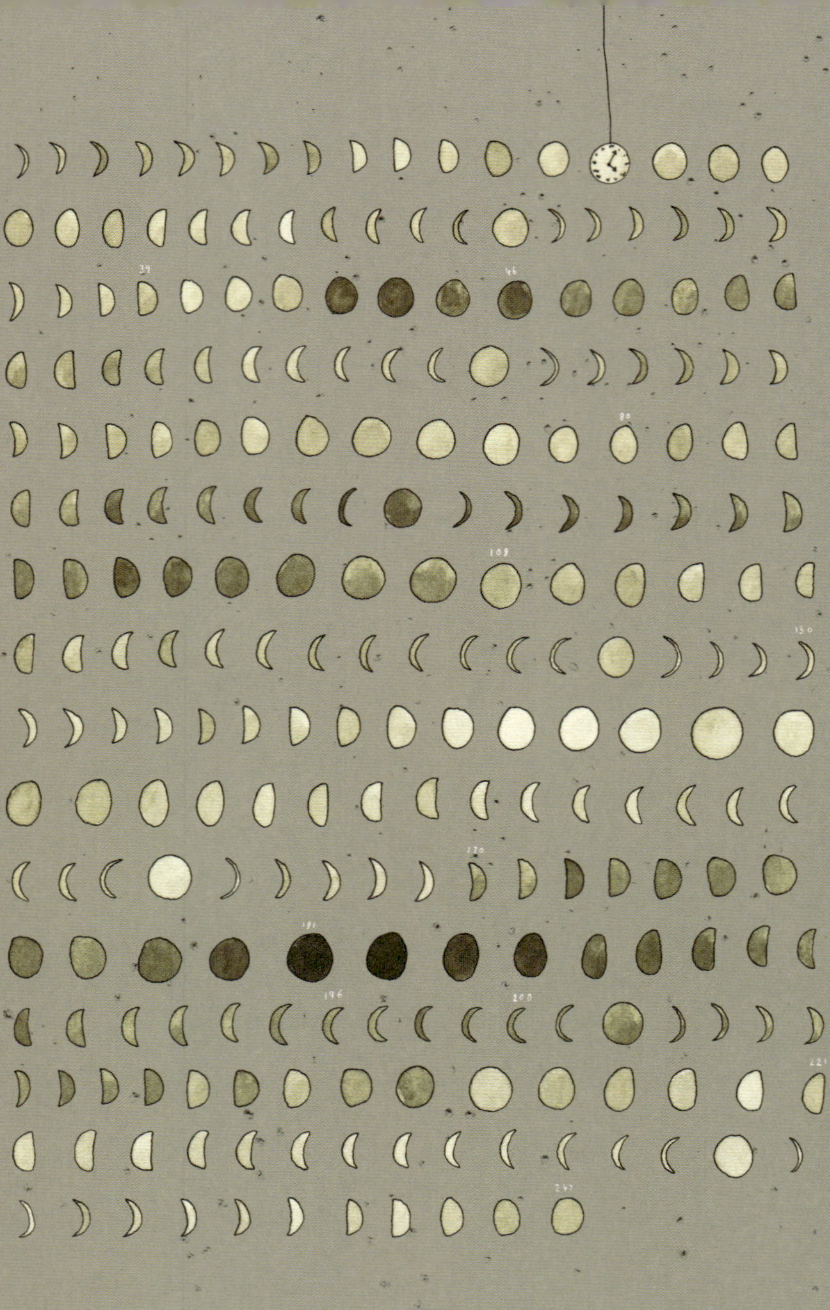

たず、季節によって、1時間は激しく伸びたり縮んだりしました。というのも、昼と夜の長さによって、1時間の長さが変わったからです。

　やがて、古代ギリシャ人が、1日を同じ長さの単位で区切るということを思いつきました。ただその後も、16世紀のヨーロッパで振り子時計が発明されるまでは、大部分の人々は、季節ごとに異なる時刻を使い続けていました。

　1967年、良かったことに（見方によっては悪かったことに）、原子時計が発明され、人類の歴史上最も正確な時計となりました。国際度量衡局という組織は、1秒をこのように定義したのです。「セシウム133の原子基底状態の2つの超微細構造準位の間の遷移に対応する放射の周期の91億9263万1770倍の継続時間」（おおざっぱに言えば、セシウム133の原子の中で2つのエネルギーレベルがあるとき、その2つを移行するエネルギー放射の周期が、91億9263万1770回分あること）。この原子時計では、10億年に数秒程度の狂いしか出ないとされています。

　それでも、この原子時計が刻む時間を、実際の太陽年と合わせるためには、やはり「うるう秒」というものを、協定世界時（訳注：世界の基準時）に加える必要があります。それは10年に8回程度、ある特定の1分を60秒でなく61秒にするという操作です。

　みなさんにとってはほぼ意味のないことかもしれませんが、それが大きな意味を持つ場所もあるということです。

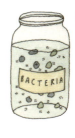

19
KINGDOMS OF LIFE
生命の世界

　地球には限りなく多様な生き物がいるため、単純に「植物界」「動物界」という分け方だけでは足りないということがはっきりしてきました。そこで、生物学者たちはさらに詳しい分類をはじめ、全ての生命体を網羅できるカテゴリー分けにたどりつきました。

　現在、「kingdom（界）」と呼ばれるカテゴリーの上には「ドメイン（域）」という分類がありますが、これは、生き物を「細菌」、「古細菌」、「真核生物」のどれかに振り分けます。1990年代までは、「界」が一番大きな分け方でした。けれども、それ以前も以後も、生き物同士の似た特徴やその祖先に関して、多くの混乱や意見の違いがあります。そして、今もさまざまなその論争の全てが片付いたわけではありません。（生物分類については57ページ参照）

　あれやこれやの論争を経て、1998年、イギリスの生物学者トーマス・キャバリエ=スミスは「修正六界説」（それまでの6つの界による分け方の改良版）を発表しました。その後、2015年に至るまで、その説はさらに何度か修正され、今は、7つの界（細菌、古菌類、原虫、クロミスタ、植物、真菌、動物）に分類すべきかどうか、検討されているところです。

　人類は、もちろん動物界に属しています。動物を意味する英語のanimalという言葉は、ラテン語のanimalisからきていますが、これは、呼吸をし、魂を持ち、生きているものという意味です（これらをしているのなら、確かに私たちは存在していると言えるでしょう）。

　生物学では、「動物」とは、バッタ、カササギ、トカゲ、ヒトまで含めた、全ての動物種をさします。けれども、私たちがふだん「動物」という言葉を使うときには、たいてい自分たちのことは頭から消え去っていることが多いのです。つまり、自分たちを除いた全ての哺乳動物のみ、またはもう少し範囲を広げて、背骨のある生き物のみを指してそう呼んでいます（脊椎動物は、

じつは全ての動物種の中で、たったの5％しかいないのですが）。

　私たちは、違いを見つけるのが好きです。たとえば、私たちはたくさん細胞を持っているので、単細胞の細菌とは違っています。また、私たちは細胞壁を持っていないので、細胞壁を持つ植物や藻類、菌類とは違う立ち位置にいます。私たちは自分の体内で栄養分を作り出すことができないので、かわりに他の生き物から直接的、間接的に栄養を摂取して消費します。私たちは自分で動くことができ、行きたい所にはほとんどどこにでも行けます。また、今では捕食動物を恐れる必要もほとんどなくなっています。

　こんな違いをあげていくと、人類がとんでもなく特別で重要な存在だと思いたくなってくるかもしれません。けれども、全くそうではないのです。

20

WHAT EXACTLY AM I BREATHING IN
本当は、何を吸いこんでいるのだろう

「空気」と言えばまず酸素を思い浮かべますが、じつは酸素は私たちが呼吸する空気の21％でしかありません。

肺が吸いこむ空気のそれ以外の成分は主に窒素で（78％）、その他にはいろいろ別のもの、たとえば、他の気体、混入物、大気汚染物質、水の分子、塵、微生物、植物の花粉や胞子などが含まれています。また、大気圏外から飛んできた宇宙塵も、一つひとつは微小でも、それなりの量を吸いこんでいます。あなたも1年のうち少なくとも1度くらいは、流星物質の微粒子を吸いこむことになるのです。

空気中の分子は、毎時何百kmもの速度で、絶え間なくぶつかり合っています。それらの分子は地球の下層大気全体に広がり、何週間かかけて世界を1周することもあります。つまり、全ての粒子は、私たちの肺に到達する可能性があるのです。

平均的な人間は24時間に9000ℓの空気を吸いこみ、1日に2万4000回呼吸をします。1年では800万回を超える計算です。もしある人が80歳まで生きるとすると、生涯で7億回呼吸をすることになるのです。呼吸とは、なんと想像を超えてすばらしく、それでいてたやすく思えることでしょう。

私たちは、ふだん呼吸について考える必要はありません。呼吸器系が任務を忘れることがないからです。肺も心臓もその他の呼吸器官も、自分で意識しないままちゃんと働いてくれます。

でも、呼吸について考えるのも価値があるとわかってきています。

長い間、呼吸という働きは、脳の生命維持をつかさどる部位の指令によって、心臓の鼓動や睡眠と同じく自動的になされているものだと考えられてきました。けれども、実は、呼吸によって自分の精神状態を変えることもできます。呼吸の速さを変えたり、呼吸について多少の注意を払ったりすること

には、無意識の呼吸をつかさどるのとは別の、脳の他の部位が関わっている
ことがわかってきています。

　ヒトも他の動物も、走ったり休んだりパニックになったりすると、自然に
呼吸が変化しますが、私たちヒトは、意識して呼吸を変えたり整えたりする
ことのできる唯一の動物です。

　本当におもしろいでしょう？　だから、息をとめないでくださいね。

21

YOU'RE THE ONLY ONE I WANT
TO TALK TO

話したいのは、あなただけ

　月の動きの解明は「月運動論」とも呼ばれ、何世紀にも渡って天文学者たちの心をかき乱してきました。アイザック・ニュートンでさえ、それが彼に頭痛を起こさせるただ一つの問題だと言っていたほどです。

　月の軌道にはさまざまな不規則な側面があり、その風変わりなずれ方は、「摂動」（訳注：ある天体の運動が、他の天体の引力によって乱されること）と呼ばれています。「摂動」は、いつも研究者たちを悩ませ、また月がいったいどうやってできたのかということも、今もはっきりとわかっていません。2000年の間探求を続けて、今やっと、かなりの精度で月の動きを把握することができている程度です。

　私たちの月は、太陽系の中で5番目に大きな月（衛星）です。太陽系の中には、他にもたくさんの衛星があるのです。火星は2つ、木星は少なくとも79個の衛星を持っています。けれども、私たちの月は、親しげで、とても近しい存在です。英語では、地球以外の惑星の衛星もmoon（月）という言葉で呼びますが、私たちの月をさすのには、Moonの最初のMは必ず大文字と決まっています（ガリレオが1610年に木星の4つの月を発見するまで、他にも"月"があるなどということは、誰も考えていなかったのです）。

　月の力の影響は、遠くまで及びます。月のおかげで、地球は信じられないほどに安定した気候にめぐまれています（少なくとも宇宙の他の場所に比べると、そうなのです）。

　地球の自転を安定させる月の影響ははかり知れず、言うまでもないことですが、月がなければ、地球上の生物の進化も全く違うものになっていたことでしょう。もし地球が一人ぼっちで、たとえば月の引力による潮の満ち干が

69

なかったら、海岸での水位の上げ下げもなく、地球の初期の生命の進化は違うものになっていたはずです。

　月はわずかずつ地球から遠ざかっていますが、何百万年もかけて、月と地球の動きがしだいにシンクロするようになったおかげ（潮汐の累積効果）で、地球と月は2人のダンスパートナーのように同じ動きをしています。これは「同期自転」と呼ばれ、月は地球のまわりを一周するのと同じ速さで自分も自転しているのです（実質的には、月は地球の引力に捉えられています）。このため、私たちは常に月の同じ面だけを見ています。

　月は、他の恒星たちと同じく、いつもそこにいてくれます。昼間の空は明るすぎて星は見えませんが、月は時折、昼の空にも明るく輝きます。

　宇宙の不思議をともに解き明かすパートナーがそばにいて、一緒にダンスをし、夜の暗闇を日毎に少しずつ長く照らし、私たちがゆっくりできるようにしてくれているのは、なんてうれしいことでしょう。

22

LET SLEEPING MOUNTAINS LIE
眠る山々は、そのままに

　地球上のほとんどの山脈は、はるかな昔から無作法につかみ合いのケンカをしているような、構造プレートたちが原因でできています。

　地球の地殻とそのすぐ下の層からなる構造プレートは、大陸の移動、地震や火山の噴火、海溝、そして山脈の形成を演出してきました。プレートは、劇的に、けれどもまた紙のように簡単に地層を折りたたんで、山脈を作り出しています。

　8000m（26,300フィート）より高い山は、地球上に8つしかありません。中でも一番高いのがエベレストで、ヒマラヤ山脈の中に位置しています。この山脈は、アフガニスタンからインド、パキスタン、ネパール、チベット、ブータンを通って、最後はミャンマーでだんだん平らになっていくという形でアジアを横断しています。

　世界の山の中には火山もたくさんありますが、エベレストは火山ではありません。ヒマラヤ山脈は、4000万年前に2つの大陸がぶつかり合ってできたもので、エベレストの山頂は、かつて暖かい海での暮らしにどっぷり浸っていた生き物たちの殻が積もってできたやわらかな堆積岩から成ります。

　エベレストのネパール語の名前は「宇宙の母」を意味する「サガルマタ」で、この山は、今も少しずつ成長しています。

　「山」を明確に定義する共通ルールはありませんが、ほとんどの地質学者は、まわりの地面から300m以上隆起している場所を山と呼びます。

　山は、地球の陸地の20％を占め、また人類の10％が山を故郷としています。私たちは、山の隣に寝そべっているようなものです。というのも、ほとんどの川は水源を高い山のどこかに持ち、人類の半分以上が、そうした川から水を得ているのです。

　信じられないことですが、昔、かなり多くの人々が、山は醜く不吉なもの

71

と考えていました。18世紀末になってようやく、ロマン派の詩人や小説家が
その魅力に気づき、おかげで私たちは山の頂上のイメージに魅せられ山々の
存在を讃えはじめたのです。

　今、私たちは、人間というこの混乱をもたらす存在が地球にいることの影
響がどんなに恐ろしく、地球のすみずみまで及んでいるかについて、途方に
暮れています。地球温暖化で平均気温が上がることによって山脈の氷河が融
けると、地球の自転さえも変化します。というのも、これまで氷河として高
緯度地域にあった水の重さが、氷が融けることで低緯度の地域に移動すると、
地軸を中心に回る地球の動きに影響を及ぼしてしまうのです。

　この現実を無視することはできません。努力、また努力を続けましょう。
目をつむって、手をポケットに突っこんだまま黙っているよりも、自分でも
何かできると良いですね。

23

STRESSED-OUT CORAL
ストレスにさらされるサンゴ

　見た目からは理解しにくいことですが、サンゴは植物ではなく動物です。

　けれども、サンゴ礁のサンゴは、ほぼ光合成によって生きています（13ページ参照）。体内の細胞に共生する微小な藻類が光合成をし、サンゴが消費する養分の90％を供給しているのです。こんな理由で、サンゴ礁は、明るい太陽の光が降り注ぐ温かな海の浅瀬に広がっています。

　サンゴ礁は、海の底の1％に満たない部分を覆っているに過ぎません。けれども、サンゴ礁は世界で最も豊かな生態系の一つであり、まわりの海と近くの陸地の両方に大きな影響を与えています。たとえば、サンゴ礁は熱帯の嵐による浸食から海岸を守り、何千種もの生き物に棲家や餌場を提供し、さらにガンやアルツハイマー病といった病気の治療法の研究にとっても重要なものになりつつあります。

　サンゴ礁が生きていくには、とても繊細なバランスを保つ必要があります。そして人間の厚かましい活動は、サンゴ礁にあれやこれやの大きなダメージを与えています。サンゴは生長のスピードがとても遅く、年間2mmから10cmくらいしか生長できません。そして、ひとたび海水の温度や酸性度の上昇、破壊的な漁、汚染、不注意な観光などの影響を受けると、簡単には回復できないのです。過去30年間に、地球上のサンゴ礁の半分が失われてしまいました。海水温が上がりすぎると、サンゴは、自然な反応として細胞の中に棲んでいる藻類を体外に出してしまいます。寂しい白い色に変わるのはこのためです。

　この「サンゴの白化」が起こっても、サンゴが必ず死ぬわけではありませんが、回復できたとしてもとても長い年月がかかります。そして、子孫を残す能力は永久にダメージを受けてしまうのです。

　けれども、サンゴ礁の破壊を遅らせるためにできることや、またサンゴ礁

の回復を助けるために取れる方法はたくさんあります。2017年には、オーストラリアのグレートバリアリーフで、何百万匹ものサンゴの幼生を捕獲してタンクで育て、網で保護した海の底へ帰すというプロジェクトが科学者たちの指揮で進められ、成功をおさめつつあります。

　よく似たプロジェクトは、フィリピンでも行われました。フィリピンでは、漁のときに使う爆薬が広い範囲でサンゴ礁を痛めつけてきました。私たちには、これ以上サンゴ礁のように豊かな生態系を失う余裕はもう残されておらず、こういった努力はとても重要です。

　サンゴ礁の問題は、心配して、行動するだけの価値があります。他の、心配し行動しなければならない全ての問題と同じように。

24

DANCING IN EMPTY SPACES
空っぽの空間でダンスを踊る

　人間は、自分たちが全てだとつい思ってしまいがちです。でも、実際には私たちは、ほとんど何ものでもないのです。

　原子の質量は、ほぼ全て原子核の質量です。けれども、原子核はほとんど場所をとりません。私たちの体は10億を3乗してそれに7を掛けたくらいの膨大な数の原子からできています。それらの原子も、宇宙空間にある原子も、その99.9999999％が空っぽな空間です。

　ただし、この空間は、実際には全くの空っぽでもないのです。少なくとも、私たちが想像するような何もない空間でないことは確かです。そのかわり、お互い近づかないように反発し合う電子と、波動と、目に見えない量子場と、1ページくらいの説明では語り尽くせないような難しい概念で満たされています。もしあなたの身体からその空間を全部取り去ったら、残った"あなた"は1辺が500分の1cmの立方体に全部収まってしまうでしょう。

　原子核は、原子全体の構造から見ると、その10万分の1の大きさしかありません（27ページ参照）。それはちょうど大聖堂の中にいる一匹のハエのようなものです。

　原子核のまわりを取り囲むのは、電子の雲です。科学の教科書などでは、電子は、原子核のまわりを規則正しく回っている小さな球体として描かれることがよくあります。けれども、実際の電子は、鳥の群れに似ています。つまり、それぞれの個体の厳密な動きを捉えることはできず、ただ群れ全体の動きが見えるだけです。

　電子が何をしているか語るのに、「踊っている」という言葉以上にピッタリくるものはなかなかありません。それはわけのわからない動きでもでたらめなダンスでもなく、簡潔な方程式一つであらわすことのできる美しいパターンとステップによるダンスです。

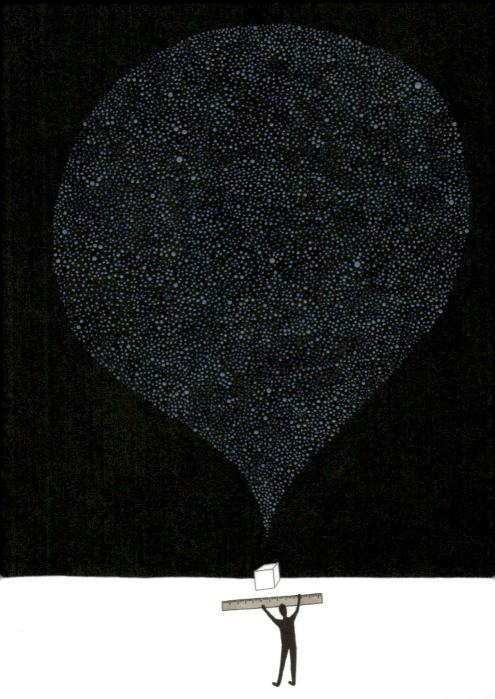

その方程式は、量子力学の分野で偉大な業績を残したオーストリアの物理学者、エルヴィン・シュレーディンガーの名を冠したものです。ダンスのステップは変化に富み、電子は決して休むことなく、また「パウリの排他原理」として知られるように、前に誰かが踏んだのと同じステップで踊ることもありません。

　原子よりも小さなスケールのレベルで言うなら、私たちはずっと踊っているということになります。そう考えると、ちょっとだけ意識してもぞもぞ動いたり、貧乏ゆすりをするくらいしか何もできないような時にでも、気が紛れるでしょう。

　とはいえ、私たちの体を構成している原子は1年で98％が入れ替わります。だから、あまり愛着を持ちすぎない方がいいかもしれませんよ。

25
THEORIES ARE NOT GUESSES
理論は推測ではない

　科学者がものごとを説明したり体系づけたりするのに使う用語は、誤解されることがよくあります。

　それらの用語は、私たちがふだんの暮らしの中で深く考えずに使う言葉と同じ場合も多いのですが、定義、つまり意味する内容がかなり違っていたりします。たとえば、たいていの素人にとっては「理論」と言えば、何かについての推論や直感、憶測などのイメージがあります。けれども、科学ではそうではありません。「理論」と言えば、全く揺るぎなく確立された説明をさします。それは、科学的な理論であり、新しい証拠によって変更される可能性がとても低い、くりかえし観察や実験を経て確認されたものです。

　よく知られている科学の理論の例には、ビッグバン理論、ダーウィンの進化論、アインシュタインの相対性理論、万物の理論などがあります。これらの理論は、短い一文や、簡潔で整然とした方程式に縮めることはなかなかできないものですが、驚くほど明確に、自然界の仕組みに関する根本的なことを言いあらわしているのです。

　よくあるもう一つの誤解は、十分に研究して証拠を集め、時間をかければ、理論が法則になると思われていることです。これは全く間違っていて、科学的な法則と科学の理論は、互いに置き換えできるようなものではありません。

　科学の中での法則とは、観察が可能な現象の記述であって、なぜそのようなことが起きるかの説明ではないのです。「なぜ」ある現象がそんなふうに起きるかについて、最も論理的に説明しようとする試みが、科学の理論です。シンプルに言えば、法則は、宇宙で何が起きるかを正しく予測し、理論は、それがなぜ起きるかを語ってくれます。

　また、「仮説」は、荒削りな推量でも洗練された推測でもなく、まして、やみくもな出まかせではないことに注意しましょう。科学者が仮説を立てる

とき、それはすでにある科学的知識や、なされてきた実験、観察、論理にもとづいています。

　仮説は、ある狭い範囲の一連の出来事についての説明を提案しますが、理論はもっと広い範囲のことを扱い、一つ以上の仮説を含みます。そして、その一つひとつの仮説は、すでに繰り返し厳しく検証済みなのです。

　科学理論を完全にひっくり返すのはほとんど不可能ですが、どんなに小さくても反証が示されるのは、とても価値のあることです。というのは、そのようなほころびから、それまで想像もできなかった全く新しい発見につながることがあるからです。理論を修正するには、さらなる知識や分析力が必要ですから、私たちの理解は歳月とともにもっと深まり、磨かれていきます。

　科学とは、そういうものです。揺らぎながら進むことであり、観察可能な真理を再構成していくことであり、私たちの中に深く根を張る思いこみや決めつけへの挑戦でもあり、めでたく常識を破壊することでもあるのです。

26

THE UNIVERSE IS OLDER THAN YOU

宇宙はあなたより年上

宇宙の年齢は、138億年±1億2000万年だと言われています。

今、私たちのわかる範囲ではビッグバンで宇宙が始まったわけですが、宇宙はそれ以来、恐ろしいほどたくさんの誕生日を祝ったことになります。

ビッグバンの直後から、光はずっと宇宙を旅し続けていて、私たちが観測できるのは、地球から138億光年離れた範囲までです。「観測可能な宇宙」と呼ばれるこの範囲は、実際は宇宙の小さな一部のようなものかもしれず、宇宙はあらゆる方向に膨張し続けています。

ざっくりと、でもかなりの精度で宇宙の年齢を知るために、宇宙の中の最も古い天体を観測したり、膨張の割合を計算したりします。

理屈から言えば、宇宙はその中にあるどんなものよりも早く生まれていなければおかしいでしょう。私たちが知っている最も古い天体は「球状星団」（天の川銀河のまわりを回る球体をした天体の集団）で、110億年から180億年の古さだと考えられています（つまり、宇宙の年齢は、少なく見積もっても110億年はあることになります）。

そして、現在の宇宙の膨張速度を計算すると、過去にどのように膨張してきたかも割り出せます（理論上は、無限に過去に遡ることができます）。

138億年という宇宙の年齢の数字は、さまざまな情報から算出されました。たとえば、宇宙の中での物質の密度の変化は、とても役に立つ情報の一つです。というのも、物質の密度が低い宇宙は、物質の密度の高い宇宙よりも年を取っていると考えられるからです。

現在、宇宙には、ふつうの意味での物質は4.9％しかないと言われています（残りのうち、68.3％は正体不明のエネルギーである「ダーク・エネルギー」、26.8％はこれも目に見えない正体不明の物質「ダーク・マター」、そして残りのわずか微量が他のもの、ニュートリノや光子や放射だと言われ

ています）。

　驚くべきことに、今やこうやって算出できる宇宙の年齢は99.1％の精度で正しいと考えられます。ほんの10年前までは、「正確さ」と「宇宙論」は、同じ部屋に入れて会話をさせることもできないくらい、合わないものだったのにも関わらず、です。

　そして、私たちも宇宙と同じだけ年をとっていると言えます。私たちの体を構成する原子の多くは、炭素や酸素のように（11ページ参照）、宇宙にある巨大な天体の内部で作られたものだからです。つまり私たちは、宇宙の過去の歴史の中でできたいろいろな原子たちが、いくらか配合を変えて外見が変わっただけなのです。138億年もの間、姿を変えながら存在し続けてきたのですから、私たちが時々くたびれているのも、無理のないことですね。

　そして、私たちは、ここで、これまでも今も、この自分という存在でなければならなかったのです。それは、ビッグ・バン以降に起きた全てのものごとは宇宙の法則に従ってできているからです。私たちが、その法則の全てを知ることはできなくても、また、知っていることの全部を完全には理解できなくても、その法則はほとんど、あらかじめ決められていたかのようです。

　宇宙で起きることの全ては、それが起こり得るようにのみ、起きているのです。

85

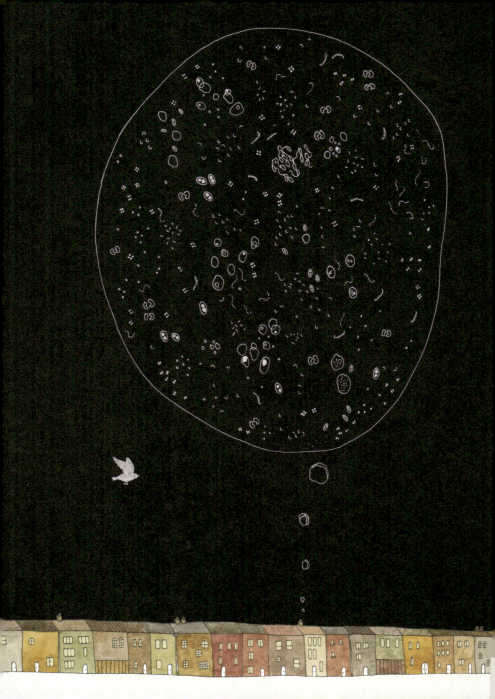

27

YOU ARE MOSTLY BACTERIA
あなたの大部分は細菌

　これまで繰り返し書かれたり語られたりしてきたことですが、私たちの体の表面や内部にいる細菌の数は、体細胞の数の10倍だという事実があります。割合で言えば、細菌とあなたの比が1：1と言われれば、ちょっと衝撃が和らぐかもしれません。

　ただ、この割合は、いろいろな要因、たとえば体重や免疫系の活性の高さなどによっても変わります。ヒトの体の中の細胞の数は15兆から724兆の間だと言われていて、一方、人体に存在する単細胞微生物（細菌）の数は30兆から400兆と言われます。それ以上に驚きなのは、研究者たちが、まだ細菌の正確な数をつかんでいないことかもしれません。とにかく、私たちの体は微生物のワンダーランドなのです。

　細菌は、進化の最も早い段階で登場した生命のかたちの一つです。自分の体の頭のてっぺんからつま先まで細菌に覆われていると思うと、ゾクッとして気持ち悪くなるかもしれませんが（とくに恐ろしいのは、それを顕微鏡で見たときです）、ほとんどの細菌は人間のためになることをたくさんしてくれています。

　たとえば有害な細菌を水際で食い止めたり、お肌のコンディションを整えたり、免疫系を発達させ保つのに重要な役目を果たしたりしています。これが素敵な話に聞こえたとしたら、それは実際にそうだからです。

　中でも細菌が一番活躍しているのが腸の中です。腸内には、ヒトの体内で最も多様な種の細菌が棲み着いていて、「消化器系微生物叢」とか「腸内細菌叢」と呼ばれる、とても複雑な微生物のコミュニティを作っています。人間と腸内細菌の関係は、お互い利益があって共生しているだけにとどまらない、素晴らしい関係です。さらに注目したいのは、近年、腸と脳が複雑かつ重要に結びついているのがわかってきたことです。

腸と脳は広範囲に広がるニューロン（神経細胞）、化学物質、ホルモンのネットワークでつながっていて、これをまとめて「腸管神経系」と呼びます。この神経系は脳と脊髄をつなぐ中枢神経系との連絡を保っていますが、同時に単独でも働いているようです。

　つまり、腸内細菌は、朝ごはんを消化するのに力を奮っているだけではなく、私たちが世界をどう捉えるか、またどう行動するかということにも影響を与えているのです。

　脳と腸の"会話"に関わっているニューロンは、情報を受け取るだけでなく、脳に情報を送っています。腸が、長期的にも短期的にも、何よりもあなたの気分を左右していると考えると、とても不思議でおもしろいと思いませんか？

　言葉は、科学よりもずっと以前からこのことを知っていたように見えます。たとえば英語には、次のような表現があります。gut feeling（腸の感じ。「直感」の意味）、go with your gut（腸と一緒に行け。「直感を信じて」の意味）、gut wrenching（腸がねじれる。「断腸の思い」の意味）。

　少しの間、脳ではなく細菌の声に耳を傾けてみましょう。きっと、興味深いはずです。

28

YOU ARE ONLY REMEMBERING THE LAST TIME YOU REMEMBERED

あなたはただ、一番最近思い返したことだけを記憶している

かなり長い間、人間の長期記憶というものは、図書館のようなものだと考えられていました。その図書館では、ものごとや出来事の記憶は、本のように棚に並び、多くは埃をかぶっていても、その気になればいつでも見られる状態で存在します。そして、めったに読み返されない本もあれば、しょっ中取り出されてページをめくられる本もある、というわけです。

けれども最近になって、この考え方は完全にひっくり返されました。記憶というものは、大きく書き換えられることがあり得るとわかってきたのです。

過去の出来事を思い出すたび、脳内のネットワークはその出来事の記憶を変化させ、次に思い出す時にはそれが影響します。このため、どんなにそのことをよく覚えているつもりでも、決して過去を正しく思い出すことはできないのです。

記憶は固定された不変のものでは全くないようです。脳は、その時点での情報を元に、環境や時期、気分などの要素を編みこみ、気づかないほどわずかずつの修正を加えて、全ての記憶を少しずつ書き直しているのです。このような記憶の変化について最も早い時期に論文を発表したある研究者は、「出来事の記憶は、毎回思い出されるたびに正確さを失い、ついには全くの間違いにさえ至る」と簡潔にまとめています。

それが不運にせよ幸運にせよ、回想は、自分で思い出して語った物語以上に、また最初に手渡された"記憶"という本に書かれていた内容以上に作り話になって行くのがふつうです。

けれども、こんなふうに少しずつ記憶の書き換えが起き、不完全なコピーが作られるのにも理由があります。記憶は、現状に対し適切で役に立つ判断

をするのを助けるために存在するので、常に更新されなければならず、いつまでも過去を引きずっているわけにはいかないのです。

　残念ながら、これは、私たちが恐ろしく頼りない証人であることを意味しています。というのも、脳は、あなたが何者であり今何を考え感じているかを通して、絶え間なく記憶をフィルターにかけているからです。

　私たちが一番大事にして、しょっ中思い出すような記憶は、まさに思い出す回数が多いがゆえに、泣きたくなるほど変化していきます。そして私たちは、何かを憶えているためには何かを忘れなくてはなりません。他のことを思い出さないでいる間は、あることを憶えていられます。それでも、全ての細かいところまでは憶えていられず、歪んだ記憶の寄せ集めになってしまうのです。

　記憶ははっきりして鮮やかで、そしてしばしば、全く間違っています。

91

29

THE LANGUAGE OF SCIENCE
科学の言葉

　科学の言葉は、耳に心地よい、詩的なものではありません。

　感情や自由な表現には全く欠けているし、「私は」のような一人称代名詞も使いません。そして、十分な検証を経た形式に従ったルールを厳格に守ります。たとえば、びっくりマークも使えないのです。科学の言葉が示す意味は明らかで、語られることの全てが、そのまま内容なのです。

　そんな理由から、素人にとって科学の言葉はどこまでもよそよそしいものです。また、科学の世界では、私たちがふだん使う言葉に、全く違った意味内容を与えることがありますし、ふつうの人が一生出会わないような新しい言葉を使うこともあります。

　今では、ほぼ全ての研究論文や議論に英語が使われるようになっています。そして、そのために、言語はさまざまな面で、科学において問題を引き起こしています。

　英語のネイティブスピーカーは、全ての大切な情報は英語で発表されると思いこみがちです。一方で、英語を母語としない研究者は、母国語で論文を発表するのをためらう傾向があります。それは、せっかくの発見を見過ごされたり、他の研究と重複するのを避けたいという気持ちからです。けれども、そのせいで私たちは、英語以外の言語で発表される新しい重要な研究に触れる機会を逃してしまいます。これはとくに、英語圏から離れた場所でいろいろな取り組みが行われている生物多様性や生態学の分野で起こりがちです。

　この問題は新しいものではなく、歴史があります。15世紀から17世紀にかけて、科学者たちは議論をするときには母国語を使い、論文にはラテン語を使っていました。当時は、ラテン語が中立の共通言語だったからです。

　けれども、ラテン語は徐々に科学の世界での支配力を失っていきました。ガリレオの木星とその衛星についての最初の発見はラテン語で発表されまし

93

たが、彼のその後の論文はイタリア語で発表されました。ニュートンの初期の着想はラテン語で発表されましたが、後期の論文は英語で書かれています。

19世紀の初めまでには、ドイツ語、英語、フランス語という3つの言語だけが、科学研究の論文やコミュニケーションに使われるようになっていました。そして、それから何世紀もすったもんだがあった後、今では英語が共通語、科学の言語になっています。

何にも増して、一つの言語だけで全てすませてしまうというこのアプローチは、他の言語がアイデアを伝えるためのその言語独特の方法を失ってしまう危険をもたらします。他の言語の使用者は、常に成長し変化し続ける科学用語についていくだけで精一杯になってしまうのです。

思考や発見、進歩にこんな狭い限界が設定されてしまうと、個性的な発見が得られなくなり、誰もが他の人と同じようなことを言うだけで終わってしまうかもしれません。

30

IT GETS COLDER AFTER SUNRISE
日が昇ったあとで寒くなる

　夜が明ける直前が一番暗くて、一番寒いと言われています。

　けれども実際には、黄昏と曙のちょうど真ん中あたりの時刻が一番暗く、また、太陽が地平線から姿をあらわしはじめる頃の方が、その前奏である心細い薄闇の頃よりも、もっと寒いのです。

　厚い雲がない、もしくは雲が全くないよく晴れた夜には、日の出から1時間後になってさえも、さらに何度か温度が下がります。つまり、朝は遅れてやってくるのです。

　全てのものは熱を得たり失ったりします。理屈で言えば、得た熱よりも失った熱の方が多いと、温度が下がります。それは、あなたの体も、地球という天体も同じです。昼の間、太陽は精一杯地球をあたためてくれ、その間も地球は大量の熱を放射します。太陽が空に出ている間は、地球の放射とのバランスがとれていますし、バランスが少し傾いて、熱を失うよりも得る量の方が多ければ、気温がほんの少し上がります。

　けれども、夜になって太陽が視界から消えた後も、地球は熱を放射し続け冷えていくのです。地表の温度は下がり、その付近の大気の温度も同じように下がっていきます。街灯が灯る頃には、冷えた空気のせいで、あなたは一緒に歩く人にもっと近づきたくなるでしょう。

　そして、当然のことのように夜明けがやってきます。ピンク色がかったおぼろげな光は、あなたをしみじみとどこか達観した気持ちにさせ、また自分をとてもちっぽけな存在だと感じさせます。

　朝の最初の光があたりに差しこむ頃、人々は弱っています。朝一番の光は、地球から熱が失われ続けることに対抗して戦う力を持たないので、空気の温度はさらに下がり続けるのです。

　あなたがいる場所、雲の厚さ、湿気はどれくらいか、その他たくさんの要

因によって、気温が下がり続ける時間の長さは異なります。熱帯雨林では数分ですが、北極や南極では、何日も続くことがあります。

　でも、あともう少し待ってみましょう。太陽はゆっくり昇り、そして突然まばゆく輝き出します。熱平衡が達成され、地面はまたあたためられていきます。

　あなたのまわりの植物たちは指をのばしはじめ、あなたの手も、もう冷たくなくなるでしょう。

31

YOU EMIT RADIATION ANYWAY
あなたは放射線を出している

　あなたや私を含め、全てのものは放射線を含めた放射をしています。

　多くの人がこのことに危機感を覚えるかもしれませんが、大事なのは、どういうタイプの放射で、どれくらいの量出しているかです。

　放射とはエネルギーが波、または粒子の形で空間や物体を通り抜けていくことです。

　いくらかの混乱と不安は、「放射」という言葉が電磁放射と核放射線の両方に使われることが元になっているかもしれません。そのどちらも、自然界に存在し、人工的に作り出すこともできます。ほとんどの電磁エネルギーは、たいていの場合は全く無害です。

　私たちには常に毎秒1万5000個の粒子がぶつかっています。これは1年では5000億個になりますが、そのほとんど全ては自然の中から放射されています。

　そして、私たちはいつも、カリウム40（カリウムという元素の天然に存在する同位体）から出る微量の放射線を絶えず全身に受けています。カリウムは自然界にたくさん存在し、動物や植物にとって必要な元素なので、体内にも含まれています。ですから、カリウム40は、ヒトを含む動物が出す放射線の大きな源になっているのです。

　バナナとブラジルナッツは、比較的高い割合でカリウム40を含んでいます。ただ、X線検査一回と同じ量の放射線を浴びるには、バナナを600本食べなくてはなりません（ついでに言えば平均的なアメリカ人は、1年間に、自然発生源からだけでもX線検査を36回分浴びている計算になります）。

　また、どこにでも飛び交っている電波（電磁放射の一種）についても、心配する必要はありません。キャンドル1個だけでも、携帯電話が出すよりもっと多くの電磁放射（可視光線や赤外線）を出しています。だから、長々

と遠距離通話をしても大丈夫なのです。

　人間が出す電磁放射のほとんどは赤外線です。赤外線は、電磁スペクトルの一部分です。熱放射の一種で、完全に無害なただの熱にすぎません。理論的には、温かい物体は、冷たい物体よりも多くの赤外線を出しますが、放射される赤外線の量は、表面温度や面積、物体の性質によって変化します。

　とにかく、地球上の全てのものは、常になんらかの放射線を浴びていますが、そのほとんどは私たちになんの影響もなく通り過ぎていくと考えると、安心できるでしょう。

32

IT WAS ONLY A DREAM
それはただの夢だった

　眠りは、誰もが共有する最も大切な経験です。平均すると人生の3分の1は目を閉じ眠っているのです。そして、私たちがなぜ眠るのかということについては、何十にものぼるさまざまな考え方があり、なかなか意見が一致しないというのは、かなりおもしろいことです。

　ただ、誰もがうなずく2つのことは、夜の眠りにはいくつかのサイクルがあること、そこで体と心に大なり小なり何かが起きることです。

　眠りの第一段階は浅い眠りです。ふつう、突然の筋肉の収縮や運動をともないながらうつらうつらします。この段階では、すぐに目を覚ますことができます。

　次の段階に入ると、眼球の動きが止まり、脳波もゆっくりになります。ただし、この段階でも、脳波には時折「睡眠紡錘波」と呼ばれる動きがパッとあらわれることがあります。

　眠りの第三段階では、脳波は「デルタ波」と呼ばれるさらにゆっくりしたものになり、第四段階では眼球も筋肉も全く動かなくなります。この第三、四の2つの段階は「深い眠り」として知られ、なかなか目を覚ますことがありません。

　そして、「レム（REM）睡眠」と呼ばれる段階に移っていきます。REMは、英語のrapid eye movement（急速眼球運動）の略です。眼球の動きが速くなり、呼吸は浅く不規則になって回数が増え、足の筋肉は一時的に麻痺します。なんとなく不快そうに思えますが、これはとても重要な、眠りから目覚めまでの回復段階です。レム睡眠のときとノンレム睡眠（その前の4つの段階）のときの脳の働きの違いは、眠りと目覚めの違いと同じくらいにはっきりしているのです。

　そして、目覚める前に見る鮮やかで細やかなディテールの夢は、レム睡眠

のときにあらわれると考えられています。レム睡眠とノンレム睡眠が交互に起きるサイクルは90分から110分ほどかかり、サイクルを重ねるごとにその中でレム睡眠の時間が長くなっていきます。

　動物界全体を見渡すと、眠りに費やす時間は動物によって、大きな違いがあります。コアラは一日22時間眠ってすごしますが、ゾウが目を閉じて眠るのは1日2時間ほどです。

　そして、私たちヒトは、だいたいその中間の8時間のようです。私たちにとって、眠ることは単にエネルギーの補充になるだけではありません。眠りはエネルギーの浪費を抑えるので、徹夜をすることはチーズ一切れを食べそこなったことに等しいのです。

　睡眠についての一部の理論では、眠りのもつダメージを修復させる効果が重視されています。眠りが体や心を「クールダウン」させてくれるというわけです。一方、情報処理理論のように、眠りが記憶を処理して固定したり、前日の経験を分類しフィルターにかけたりするという面に注目する説もあります。

　眠りは今も生物学的な謎として残っていますが、一つはっきりしているのは、睡眠が多すぎても少なすぎても、私たちに悪影響があるということです。つまり寝不足も眠りすぎもあなたをおかしくさせてしまいます。

　西洋文明の社会では、いつも寝不足なのはほぼ当たり前、そういうものだと思われていますし、カッコよく見えたりもしますが、長い目で見るとそれは心身ともに健康に悪いのです。眠りは謎だらけですが必要不可欠で、よく眠ることはどんなに重要視しても足りません。

　作家のジム・ブッチャーが「眠りは神だ。崇拝せよ」と語ったように。

33

YOU WILL WALK AROUND EARTH FIVE TIMES

地球を5周する

ふつうに活動的な人が80歳まで生きたとすると、地球5周分と同じ距離を歩くと言われています。地球の赤道上を一周するとおよそ4万kmですから、このような人は、生涯でおよそ17万6000km歩くことになります。

その一方、人類がありとあらゆる遠く辺鄙な場所にも住み着き地球全体に広がるまで、8万5000年かかりました。そう聞くと、距離が長いような短いような、どちらとも言えない気持ちになってきます。

地球が丸いことは何千年も前から知られていました。古代ギリシャの人々は、世界一周の航海が成功するよりずっと昔から、そのことを計算で割り出していたのです。

けれども、地球が完全な球体ではないという説を提唱した最初の人は、アイザック・ニュートンでした。地球の形は「偏球」と呼ばれます。それは極の部分がわずかにつぶれて平らになっている球です。地球の場合、毎時1600kmという吐きそうなほど速い自転の速度のために、そういう形になるのです。

ただし、地球は完全な偏球でもありません。というのも、地球の質量は、まんべんなく平均的に分布しているわけではないからです。たとえばものすごく重量のある山脈のように質量が集中している所では、重力も強くなります。また、そのような偏りは、長い地球の歴史の中で、山や谷ができたりなくなったり、隕石が地表にぶつかったり、海や大気の質量を上げ下げする月や太陽の引力の影響を受けたりすることで、少しずつ変化します。

地球の表面では、このような不規則な質量の分布をならし、安定させようとする力が働きます。それは「真の極移動」と呼ばれます。

105

地球の形をきっちりと把握するため、研究者たちは地球上のあらゆる所に
何千個ものGPS（Global Positioning System、全地球測位システム）受
信機を設置して、地表の標高や位置のごくわずかな変化も捉えようとしてい
ます。また、人工衛星へ向けて可視波長のレーザーを照射したり、さらに、
銀河系外からの電波を捉える電波望遠鏡も設置しています。

　こんな、ワクワクするような取り組み全てからは、目が離せませんね。

34

2,600,000,000 HEARTBEATS
心臓の鼓動が26億回

　私たちが心臓を1個しか持っていなくて、その一つだけの心臓に長年すっかり頼りきりだというのは、考えてみると不思議です。

　なにしろ心臓は、私たちが生きている間はほぼずっと、私たちのとんでもない行動や、はじめての恋を耐え抜き、正確に鼓動を刻みつづけてくれるのです。

　平均すると、私たちの心臓は1時間に4800回脈打ちます。これは1年では4000万回になり、平均的な一生分では26億回にもなります。測り知れない数のように聞こえますが、一番小さな哺乳類であるコビトジャコウネズミの心臓は、私たちの心臓よりも20倍も速く動き、1時間で10万回近くも鼓動します。

　心臓は、あなたの胸のやや左側に位置する、中が空洞の筋肉のかたまりです。およそ握りこぶしくらいのサイズで、縦が12.7cm、横が8.9cm、奥行きが6.4cmくらい。心房と心室から成る複雑な器官で、ずっと同じ決断を下し続ける、全ての可能性の源です。

　心臓の自然のペースメーカーは、心臓の部屋の一つである右心房にあり、「洞房結節」と呼ばれています。ここから、心臓に鼓動を指示する電気信号が出ています。

　一方で、他の神経がこの指示信号の回数を変えたり、心臓の収縮の強さを変えることもできます。一人の人間の体内にある栄養物を運ぶ血管を全部つなぎ合わせると、地球を2周できるほどにもなります。

　そして血液が心臓から出て体全体を巡り、また心臓に戻ってくるまで、1分しかかかりません。私たちは時折心臓の音を気に留めることはあっても、それを愛でたり讃えたりはしませんが、この心音は、2つのパートから成っています。最初のパートは、三尖弁と僧帽弁の閉じる音で、次のパートは大

107

動脈弁と肺動脈弁が閉じる音です。この２つの音は、S1、S2と呼ばれています。

　「心臓が張り裂ける」という表現がありますが、ある程度は本当のことだとも言えます。深い感情的な痛みと苦悩は、心臓にダメージを与える「コルチゾール」というホルモンを分泌させます。そして脳を画像で見ると、あなたが何かの熱すぎるカップを手に持って「熱い！」と感じたときと、胸が引き裂かれるような苦悩を感じたときには、同じ神経回路が活性化することがわかっているのです。

　気をつけましょうね。

35

NEVER TOUCHING ANYTHING
何にも触れられない

　人間は、歩くエネルギーパターンに毛が生えた程度の存在、もしくは原子とその中の電子の雲がパーティーを開いているのに似ています（77ページ参照）。電子のダンスのおかげで、物体は固く手で触れられるものとして感じられます。私たちの体の中の電子の雲と、他のあらゆるものを形作る電子の雲とが、お互いくっつかないように相互作用しているからです。

　全ての電子が、互いに同じエネルギー状態になることはできません。量子力学と電磁力の複雑な組み合わせによって、全ての電子は「一緒にいるけど、離れてる」という状態に保たれています。これは、原子レベルでは、私たちは何ものにも触れられないことを意味します。この、目に見えない小さなスケールでの原子のふるまいは、物質と物質の間に原子レベルの小さなすき間を作ります。たとえば本を持つ手と本の間、本のページ同士の間、足と床の間にも。あなたは物質をしっかりと持っているわけではないのです。たとえば何か切ったり突き刺したりするときも同じです。ナイフもはさみも、本当は、切っている何かと実際に触れ合っているわけではなく、ただ、そのものの原子を横に追いやっているだけなのです。

　電子同士を結びつける電磁力は強大で、地球の重力場と比べて10の36乗倍もあります（ゼロを並べると、1,000,000,000,000,000,000,000,000,000,000,000,000倍）。　原子内部では、電子はお互いにきっぱりと離れています。互いに絶対に触れないと決心しつつ、でも完全にバラバラになることはできません。電子たちは、お互いに相手がどこにいるのかわかった上で無関心を決めこみ、距離を保つのです。ですから、たとえば私とあなたが手をつないでも、私たちが感じるのは、本当は電子の雲と電磁場です。触れ合っているように感じられるのは、私たち自身よりはるかに小さくて重要なものたちが、お互い反発し合っているからです。

111

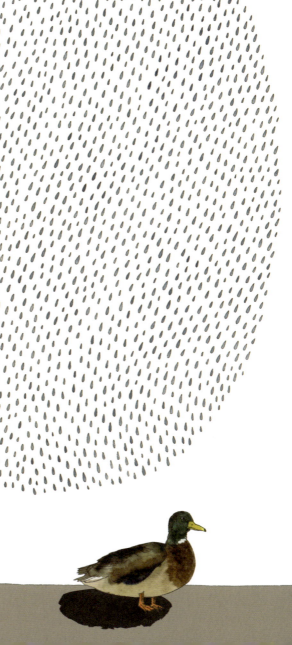

36

WHY DOES IT ALWAYS RAIN ON ME
なぜ、いつも私の上に雨が降るの

　地球上に降り注ぐ雨の量は、地域によってかなり違います。そして、天気の変化は、世界のどこでもおなじみの話題です。世界で最も年間平均降水量が多いのは、インドのカーシ丘陵の高地にあるマウシンラムという小さな村です。また、地球上で最も乾燥しているのは、南極大陸のリッジ（尾根）Aと呼ばれる地点で、ここの空気はサハラ砂漠の100倍も乾燥しています。

　地球の表面にある水は、太陽によって熱せられると蒸発し、水蒸気になって大気に含まれます。この水蒸気がある高度に達すると、冷えて空中の粒子を核として凝結し、雲になります（47ページ参照）。温かい空気は、冷たい空気よりもたくさんの水蒸気を含むことができますが、空気がこれ以上水分を含めないという状態、理論的に言えば "相対湿度が100％に達したとき" が、飽和状態です。湿度というのは、空中の水蒸気の量をさすのです。

　そして、そこからあなたの上に雨が降り注ぐまでには、「衝突合併過程」と「ベルシェロン-フィンダイゼン過程」と呼ばれる2つの道すじがあります。

　「衝突合併過程」では、氷点下の上層大気よりも下に浮かぶ雲の中で雨が作られる仕組みです。温度があまり低くないこの雲の内部では、比較的大きな水滴が周囲の小さな水滴とぶつかって合体、つまり「合併」します。100万個ほどの微小な水滴が集まって十分な重さに成長すると、やがて重さに耐えきれず、下に落ちていき、途中で蒸発することなく雨として大地に降り注ぎます。

　もっとずっと冷たい上層大気の中では、雨は違った道すじで生まれます。それが「ベルシェロン-フィンダイゼン過程」で、私たちを潤してくれる雨のほとんどは、このプロセスによって作られます。

　大気中の純水は、－40℃になるまでは凍りません。この "過冷却" の水分が、極寒の雲の中にある氷晶のまわりを取り囲み、成長して雪の結晶にな

113

ります。結晶は、やがて一定の重さになると下に落ちはじめ、落ちる過程で
サイズが大きくなっていきます。もし、地面に到達するまでの空中の温度が
ずっと零下であれば、それは雪として降り注ぎます。けれども、たいていの
場合、下の方の空気はもっと温かいので、融けて雨になるのです。

　よく知られている雨降らし雲は、高層雲（少量の雨を降らせる雲）、層雲
（霧雨を降らせる雲）、乱層雲（雨を降らせる代表的な雲）、積乱雲（入道雲
とも呼ばれる、雷をともなう豪雨の源）です。雲の学術名をおぼえられるか
どうか、また、雲がかすんだ薄い雲なのか、恐ろしいほど大きな灰色の雲な
のかはさておき、雲から私たちに降り注ぐ雨は、独特の香りをもたらしてく
れます。

　嵐が起きる直前と起きる瞬間、一部の人々は、酸素の同素体である「オゾ
ン」をかぎつけます。オゾンという名前は、ギリシャ語で匂うという意味の
「オゼイン」からできています。オゾンは、稲妻が酸素の分子を引き裂くと
きにできる物質で、一種の臨界点で生まれ、ほとんど味わうこともできるほ
どです。私たちのほとんどは、雨のあと、とくに激しい雷雨のあとにオゾン
の香りに気づきます。清々しい、ちょっと塩素のような匂いです。

　また、私たちは、ジェオスミンという物質の匂いにはもっと敏感です。
ジェオスミンは、土壌中の細菌が代謝するときの副産物で、湿った土の香り
を立ちのぼらせ、まるで雲の中に引っ張りこまれたようなさわやかな気持ち
にさせてくれます。雨の日に匂い立つのは、一部の植物が雨の後に分泌する
精油成分とともに、このジェオスミンです。1964年、オーストラリアのイ
ザベル・ジョイ・ベアとリチャード・G.トーマスという2人の研究者は、雨
の匂いがどこからくるのかをつきとめようとしているとき、「ペトリコール」
という新語を作りました（ギリシャ語で石を意味する「ペトラ」と、ギリ
シャ神話で神々の血を意味する「イコール」という言葉を組み合わせたもの
です）。ペトリコールは、日照りのあとに降った雨、もしくは乾いた土の上
に降った雨が醸し出す心地よい香りに対してつけられた名前です。

37

EVOLUTION
進化

「進化」は、現代の生物学の中で、最も重要な考え方の一つです。

進化という言葉は、全ての生命ある有機体のつながり、種の中で徐々に起こる変化、何百万年もかけて起きた多様化をさします。つまり私たちが鏡をのぞいたときに見えるものが、どうやって出来上がったかのプロセスをあらわす言葉です。

いわゆる「自然選択」と呼ばれる考えを用いて、理論としての進化を提唱したのは、19世紀の半ばにチャールズ・ダーウィンが著した『種の起原』が最初でした。その内容はその後、進化生物学の基礎になったのです。ダーウィンは、個体群は世代が後になるにつれて、徐々に進化していく、という考え方を示しました。ほぼ20年くらいの間にその考えは科学者の間に広まりましたが、彼の「適応」という考え方が現代の学説のゆるぎない中心になったのは、1930～40年代頃のことでした。今、進化論は、生命について研究する分野では、最大の統一的な哲学の一つになっています。

進化は、種の中に生じた変異が、世代を重ねるうちに、より環境に適応しやすい生命体へとつながっていく場合に観察されます。たとえば、病気になりにくくなると、生き残りやすくなります。このような特質は子孫に受け継がれやすく、やがては劇的な変化をもたらします。ただし、一つひとつの変化は目に見えないほど小さく、何百万年もたってから子孫が昔を振り返ってはじめて気づくようなものです。

地球上にはおよそ1兆の生物種がいると科学者は見積もっています。人間は、その中の1000分の1％ほどを分類し研究しているにすぎません。けれども、こんなに多くの地球上の生命体は全て、十分な時間を過去に遡ると、「全生物の共通祖先」と呼ばれる、同じ祖先から枝分かれしています。この祖先が何であったとしても、とにかく、その生命体は、40億年前に生きて

115

いました。

　人類ということで言えば、比較的最近まで、私たちは孤独な一種だけでは
ありませんでした。初期の人類は少なくとも十数種いて、その中のいくつか
は同時期に並行して存在し、ホモ・サピエンス（私たち）とも同じ時代に生
きていたものもいました。私たちは一種だけ生き残ったため、私たちの遺伝
子の多様性は、他の類人猿に比べるととても低いのです。この多様性は、種
全体の多様性を再構築するために必要な個体数である「集団の有効な大き
さ」を使って測られます。今、私たち人類は、地球に70億人もいますが、
その集団全体の遺伝子の多様性を再構築するのに必要なのは、わずか1万
5000人です。それに比べると、いくつかの種のネズミは、50万以上の個
体を必要とします。

　あなたが進化についてほんの少しだけ知っていたとしても、逆に、その複
雑さについて知りすぎていたとしても、全ての生き物の系統がどんなに古く
までつながっているか思い起こすのは、素晴らしく美しいことです。

　私たちはみんな、足が生えていたり、うろこで覆われたり、脊椎があった
りなかったり、山の上で息をしたり、水の中ではできなかったり、翼や余分
な親知らずを持ったりしながら生きてきたのです。

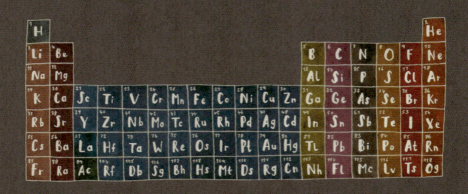

38

PERIODICALLY
周期的に

　宇宙に存在する、今知られている全ての元素を注意深くならべた「周期表」は、化学の中で最も重要な資料です。

　現在までに知られている元素は118あり、そのうち90は自然界に存在します。残りは人工的に作られたものです（原子番号93以降は全て人工の元素です）。

　周期表では、全ての元素が、原子番号の順に並べられています。原子番号は、原子核の中の陽子の数をあらわします。水素は周期表の中の最初の元素で、その原子核は陽子が1個です。今のところ一番陽子の数が多い元素はオガネソンです。

　周期表の横の列は「周期」と呼ばれ、縦の列は「族」と呼ばれます。表には7つの周期と18の族があり、同じ族に属する元素は、似た特質や特徴を持っています。規則的な周期で似た特質を持つ元素があらわれるこのパターンは「周期律」と呼ばれ、まだ発見されていない元素でさえ、周期表の中の位置によって、その性質を予測できます。

　一番最近では、4つの元素が2016年に周期表に加えられ、名づけられました。伝統的に、新しく発見された元素には、神話の登場人物や、鉱物名や地名、元素の特質、そして科学者の名にちなんだ名前がつけられます。オガネソンは、この新しく加わった4つの元素のうちの一つで、その名前は超重元素の指導的研究者であるユーリイ・オガネシアン教授の名にちなんでいます。他の3つは、ニホニウム（日本にちなむ名前）、それからモスコビウムとテネシン（モスクワとテネシーの科学者たちの共同作業にちなんでつけられた名前）です。

　周期表は、ロシアの化学者、ドミトリー・メンデレーエフが、1869年に作り出したと言われています。それまでも周期表に似たものはありましたが、

119

はじめて科学的な信頼性を勝ち取ったのがメンデレーエフのもので、このため今も「メンデレーエフの周期表」とも呼ばれます。彼が作った最初の周期表に入っていたのは、63個の元素のみでしたが、メンデレーエフは他の多くの元素の存在とその性質を正しく予測していました。

　この周期表は、驚くほど秩序づけられたもので、全てが整然と並び、これを見るだけで化学者たちは元素同士がどのような相互作用を起こすか、どんな種類の化学反応をする可能性があるのか理解し、予測できるのです。

　周期表の中に、この宇宙の元素がそっくりそのまま存在しています。文字と、目に見えないものの数を示す小さな数字が、系統的に注意深くレイアウトされているのです。

39

THE SMELL OF DYING STARS
死にゆく星々の匂い

　数年前、観測可能な宇宙の中で一番年をとった星の一つが発見されました。

　その星は地球から6000光年しか離れていない近くにあり、宇宙の始まりであるビッグバンと同じ頃に生まれたと考えられるので、およそ138億歳ということになります。

　SMSS J031300.36-670839.3（しばしば省略されSM0313）と名づけられたこの星は、南の空に位置するみずへび座の中にあり、大きめの天体望遠鏡を使えば、地上から見ることもできます。SM0313は、太陽の少なくとも60倍も大きい「始原星」（不可解なまでに古い恒星）の残骸からできています。

　SM0313が発見されるまでは、始原星は巨大な超新星の爆発によってできると考えられていました。超新星爆発は、他のさまざまなものと一緒に、膨大な量の鉄を撒き散らします。けれども、詳しく見てみると、SM0313はあまり鉄を含んでおらず、ほぼ水素とヘリウムのみからなることがわかりました。このことは、SM0313を生み出した始原星の爆発は、エネルギーレベルがもっと低い爆発であったことを示します。

　SM0313は、「種族Ⅱ」と呼ばれる、宇宙の最初期の超新星爆発でできた星の一つと考えられます。このような発見によって、天文学者たちは星が作られたレシピを知り、星々の特徴を捉えることができるのです。

　恒星の最期は、ふつうは何百万年もかけて進みます。星は、内部の核燃料が切れると最期を迎える運命にあります。最大級の大きさの星が死ぬときの過程は、小さな星のそれよりもはるかにドラマチックです。「赤色矮星」と呼ばれる一番小さな星たちは、内部の核燃料をとてもゆっくりと少しずつ燃やしているので、1000億年ほども生きると考えられています。それは、138億年と言われる今の宇宙の年齢よりもずっと長い時間です。

最も大きな星たちは、燃料切れをおこすと急速に潰れていきます。そして、星の外側の層が爆発的に吹き飛ばされて「超新星」になります。爆発の後に残された物質は、それがどんな物質であるかに関わらず、潰れた核を形成します。これが「中性子星」と呼ばれる星です。もし質量が十分に大きければ、ブラックホールになります。

　平均サイズの星は「赤色巨星」と呼ばれる星になるまで膨張し、やがて星の外側の層を宇宙に放出します。放出された物質は「惑星状星雲」と呼ばれるものになります。そして残った核の部分は何十億年もかけてゆっくり冷え、最後は「白色矮星」になるのです。

　こうした燃焼と華々しい終焉のドラマは、「多環芳香族炭化水素」と呼ばれる化合物を宇宙のすみずみにまで撒き散らします。

　この化合物のおかげで、宇宙のほとんどの場所は、熱い金属とディーゼルガスと、ものが燃えるときの不思議に甘い香りが混じり合った、奇妙なごちそうを思わせる香りで満たされることになるのです。

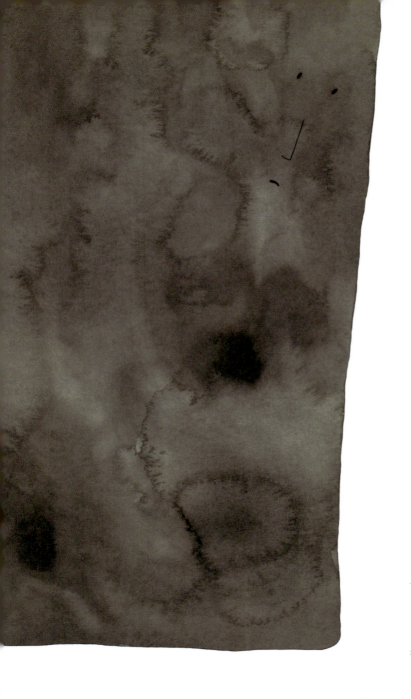

40

EIGENGRAU
オイゲングラウ

「オイゲングラウ」という言葉は、ドイツ語のオイゲンeigen（自分の）とグラウgrau（グレー）から来ています。「オイゲンリヒト」とも言います。この語は、1860年頃にドイツの心理学者グスタフ・フェヒナーによって、完全な暗闇の中で目に見えるグレーの不規則な動き、つまり、光が全くない場所で観察される、真っ黒ではない背景のことをあらわすために提案されました。

オイゲングラウの色は、私たちの目には漆黒よりも少しだけ明るく見えますが、それは私たちの目がコントラストを最も重要なものと捉えることが多いためです。夜空が真っ暗に見えるのは、星の輝きがコントラストになっているからなのです。

「オイゲングラウ」という言葉は今では時代遅れとされ、科学的な書籍や論文などにはほぼ使われることがありません。オイゲングラウは眼内閃光（がんないせんこう）（暗闇の中や目を閉じたときに見える動く形や奇妙な視覚的パターン）の美しい一例でもあります。目を閉じたときに現れるこれらの形は、目の網膜に光が当たらず、目を開けているときのような大量の情報処理をしていない休息状態にあるとき、網膜で生じる電荷によって生み出されると考えられています。眼内閃光は、「内視現象」と呼ばれる、眼球自身によって作り出される視覚的現象の一つなのです。

けれども、私たちの目にうつる光学現象のほとんどは、光と物質の相互作用によって生まれます。太陽や月と、大気中の塵（ちり）、水分、雲、なんらかの微粒子との間で交わされる会話です。

こうした光学現象は、まるでこの世のものではないような、さまざまな輝きを生み出します。たとえば、虹色の雲（水の表面に広がる油分のように多彩な色をした雲）、幻日（げんじつ）（サン・ドッグとも呼ばれる、太陽の両側に現れる明るい点）、アルペングロー（とくに山の上からよく見える、日の出や日没

のときに、低い太陽の反対側の地平線近くの空が赤く輝く現象）、対日照
（惑星間空間の塵に反射した太陽光線が散乱し、夜空に薄明るい部分が見え
ること）などを引き起こします。

　こんなさまざまな現象の多くは肉眼で見ることができますが、中には、精
密な科学的測定や観察によってのみ見える光学現象もあります。たとえば、
皆既日食のときに、太陽のすぐそばを通る光が曲がる現象。これは、太陽の
重力で空間が湾曲していることを示しています。

41

I WOULD LIKE TO PLACE A CALL TO THE UNIVERSE

宇宙に電話をかけたい

　たいていの人は、宇宙は静寂に覆われた、広大で果てしない、星の輝く場所だと思っているでしょう。たとえばサイレント映画や、音のないディスコのように。宇宙は真空（ほとんど物質のない空間）であることを考えると、それも一理あります（真空を意味する英語vacuumは、ラテン語で「空いている」「空虚」という意味のvacuusが語源です）。

　けれども、実際には、宇宙はとんでもない騒音と、絶え間ない大混乱に満ちているのです。

　1964年、2人の天文学者、アーノ・ペンジアスとロバート・ウィルソンは、地上のアンテナを使って彼らの所属する会社の人工衛星を調べていたとき、どうしても消えない、しつこく鬱陶しい雑音に気づきました。

　2人が偶然アンテナを向けて波長を合わせていたのは、宇宙から届くシューシュー言う放射でした。実はこれは、ビッグバンの残滓である「宇宙マイクロ波背景放射」で、宇宙で最も古い音だったのです。それ以来、私たちは宇宙の奏でる精妙で不思議な音を知るようになりました。

　天体は、光と同じように電波も放射するので、私たちは天体を見るだけでなく「聞く」こともできます。電波天文学者は、高感度のアンテナと受信機を使ってそうした電磁振動をとらえ、それを音に変換します。そうやって、さまざまな別世界の音楽を聞くことができるのです。

　たとえば、太陽フレアの出現時に聞こえる、まるで嵐の日に砂浜に打ち付ける波の音のような、短く激しい電波エネルギーの連なり。それから、木星の表面を吹き荒れる嵐の不気味な音。パルサー（膨大な量のエネルギーを持つ、高密度の中性子星で、このエネルギーのため、毎秒1〜716回という高

速で自転しています）の出す、メトロノームのように規則正しいコツコツという音。そして、土星の凍った輪が放つ虚ろな音さえも。

　宇宙は音を出すだけではなく、色も持っています。宇宙の巨大な広がりから放射される可視光を全てとらえれば、その全ての光を合わせたとき人間の目にどんな色に見えるか決めることができるのです。

　この発見は、科学者のアイヴァン・ボールドリーと天文学者のカール・グレイズブルックが、1998年から2003年にかけて行った研究から生まれた、予期せぬ興味深い副産物でした。

　20万個以上の銀河を5年かけて観察していた二人は、地球から見える空の色が消し去られたとしたら、宇宙が意外にも落ち着いた淡いベージュに見えると結論づけました。それ以来、その色には「コズミック・ラテ」という名がついています。「ユニベージュ」「スカイヴォリー」「天文学者のアーモンド色」など、他の名前も別の研究者たちから提案されましたが、やっぱり「コズミック・ラテ」の方がちょっと良いですよね。

　ただ、宇宙の色は、今はコズミック・ラテかもしれませんが、永遠に同じ色のままではないことも確かです。というのも、色は時がたつにつれて、星々の年齢とともに変わっていくからです。若い星は温度が高く、美しい青い光を出しますが、年をとった温度の低い星の出す光は、どんどん赤くなっていきます。

　何十億年も昔、星たちが若くて激しく活動していた頃は、宇宙はヤグルマギクのような鮮やかな青い色に見えたと考えられます。

　そして、これからまた何十億年かたつうちに色はどんどん変化していき、もっともっとベージュが濃くなることでしょう。

コズミック
ラテ

42

MORE THAN ONE HEART
2つ以上の心臓

「ハート」を持つということは、いつもロマンチックなこととも限りません。

心臓がなく、循環器系を持たない生き物はたくさんいます。逆に、ある種の生き物にとっては、心臓が一つだけでは足りなかったりもします。

タコやイカなどの頭足類は、それぞれの個体が三つの心臓を持っています。全身に血液を送る心臓が一つと、体の両側にあるエラに血液を送るためのエラ心臓が二つです。頭足類の血液には銅が含まれ、このため血液が文字通り青色をしています。

また、ミミズは五つの心臓を持つといううわさもありますが、これは心臓をどんなものと定義するかによります。五つ持っているとも言えるし、一つもないとも言えるのです。つまり、ミミズは、食道のまわりに5つの疑似心臓を持っています。

心臓の不可思議は、これにとどまりません。ゼブラフィッシュは、心臓を再生させることができます。たとえ心臓の20%がダメージを受けても、2ヶ月以内にそれを元通りにできるのです。つまり、ゼブラフィッシュにとっては、「心臓が張り裂ける」なんて、あり得ないわけですね。

極端に寒い北の森に棲むアメリカアカガエルの1種、学名 *Rana sylvatica*（ラナ・シルヴァティカ）は、体内の水分が凍ってしまうほど気温が下がると、代謝を遅くして心臓を何日間か、もしくは何週間も止めてしまうことで生き延びます。動物の多くは、冬眠のときには心臓の鼓動を極端に遅くしますが、このカエルは完全に心臓を止めて、その後何のダメージも受けずにまた動かすことのできる、唯一知られている例です。

人間も、2つ以上の心臓を持つことがあります。重い心臓病や心筋症のとき、「おんぶ補助心臓」や「異所性心移植」と呼ばれる、患者の心臓の横に新しい健康な心臓を移植し、仕事を替わってもらう方法があるのです。

43

YOU HAVE MORE THAN FIVE SENSES

5つ以上の感覚を持っている

　紀元前４世紀、ギリシャの哲学者アリストテレスは、人間は５つの感覚（五感）を持っているとしました。この考え方はとてもしぶとく残り、多くの人はいまだにこの五感が全てだと言います。アリストテレス以後の哲学者たちは、人間の経験について、何か根本的な面を見過ごしていたようにも思えます。というのも、現代の科学者や神経学者は、人間は、５つよりももっとたくさんの感覚を持っていると考えているからです（とはいえ、その感覚の分類のしかたにはさまざまな議論があり、どの感覚を伝統的な五感と別のものと認め、どれを認めないかについては、一般的な意見の一致はありません）。私たちの感覚は、22から33のあいだとも言われ、それらは相互に連携して働いています。そのため、分けて考えるのはなかなか難しいのです。

　伝統的な五感、つまり、視覚、聴覚、嗅覚、味覚、触覚の他に、最近よく知られるようになった別の感覚がいくつかあります。

　たとえば、平衡感覚はとても重要で、それに関係した「固有受容感覚」というものも知られています。これは、目を閉じていても手足がどこにあるかわかる感覚です。固有受容感覚がなければ、歩くときに足がどこにあるか、いつ足が上がりいつ地面に降ろされたかを知るために、ずっと下ばかり見ていないといけなくなります。

　また、「温度感覚」というものもあります。これは、私たちが体温を一定に保つのを可能にしてくれる感覚です。外界の気温が暑すぎたり寒すぎたりするとき、皮膚の表面と脳内の温度受容器が働き、それを知らせてくれます。

　時間の感覚である「時間知覚」も、議論はありますが感覚の一つだと言われています。ただ、それがどのように働くかはよくわかっておらず、また全ての生物に備わっているものでないことは確かです。時間の感覚はそれぞれの人によっても違い、またさまざまな外的要因によっても変わります。その

ことは、私たちは生まれつき体内時計を持っているのではなく、ただ時間が過ぎていくのを「感じている」だけだということを暗に示しています。

さて、伝統的な五感につけられた専門用語は、私たちの日々の動作を、立派で重厚なものに見せてくれます。視覚は「ophthalmoception（眼球知覚）」、聴覚は「audioception（音声知覚）」、味覚は「gustaoception（嗜好知覚）」、嗅覚は「olfacoception（臭気知覚）」、触覚は「tactioception（接触知覚）」といった具合です。

興味深いことに「味」は、味と匂いの両方から成る「味わい」とは違います。1万個ほどもある私たちの味蕾（味を感じる器官）が食べ物に触れると、「甘味」「苦味」「酸味」「塩味」「うま味」の5つの味を感知します。

一方で、鼻には臭いの受容体が400種ほどもあり、1兆種類もの違った臭いをかぎわけることができます。

もっとすごいのは、指先の感覚です。それぞれの指先には2000個の触覚受容体があり、3ミクロンほどの高さのものでも感知することができるのです（人間の髪の毛の幅は50〜100ミクロンです）。

この時空の中での私たちの心と体の仕組みを理解するのは、とても複雑なことです。

44

SOUTHERN LIGHTS
南天オーロラ

　英語で「northern light（北の光）」とも呼ばれるオーロラ（aurora borealis、北極光）には、知名度はやや低いけれど同じように神秘的で美しい親戚がいて「南天オーロラ（aurora australis、南極光）」、英語で「southern light（南の光）」と呼ばれています。それは、北のパートナーと同じように、宇宙の"天気"によって生まれます。

　磁気圏（惑星や衛星など天体のまわりにある、その天体の磁場に支配されている場所）は、だいたいにおいて地球を太陽風や有害な宇宙線から守ってくれています。オーロラが起きるのは、太陽風の中の電荷をおびた粒子がその磁気圏に入りこんだときです。

　それらの荷電粒子は、「コロナ質量放出」と呼ばれる現象（太陽フレアが特に強かったり長時間続いたりしたときに、大量のプラズマのかたまりと磁力が放出される現象）によって放出されます。

　このプラズマのかたまりは1億5000万kmの距離を旅した後、毎時600万kmを超えるスピードで地球の磁場に突入すると、磁気嵐を引き起こします。プラズマ中の荷電粒子が上層大気中の酸素や窒素にぶつかると、それらの原子のエネルギー準位（エネルギー状態）が高まります。その準位が元の準位に戻るときに、原子はエネルギーを光として放ちます。それが、オーロラの光です。

　南天オーロラは、北のオーロラとくらべて、あまり注目されません。というのも、たいてい外洋の空で起き、陸でそれを見るにはかなり南の地方、つまりオーストラリア、チリ、ニュージーランドのそれぞれ南端や、サウスジョージア島、フォークランド諸島などの南極近くにまで行かなければならないからです。

　しかも、陸から見えたとしても、地平線上のはるか遠くにしか見えないこ

とが多いのです。また、北のオーロラが緑色なのに対し南のオーロラは赤く光る傾向がありますが、私たちの目には赤よりも緑の方がはっきり見えるのです。

　もしあなたが、こんなはるか南の土地に旅することができたとしても、さらに、よく晴れた暗い夜を待つ必要があります。オーロラは大気圏の一番上に近いところで起きるため、他の光があるとよく見えないのです（ただし、月はあっても見えます）。どこまでも闇、闇、暗闇の夜でなければなりません。

　さらにややこしいことには、太陽は11年周期で、活動が活発な時期と穏やかな時期を繰り返しています。

　今は太陽の24回目の周期の中で（私たちは、まだその程度の期間しか太陽を観測していません）、活動が低下していく下り坂の時期です。つまり、私たちは今、宇宙の天気が比較的穏やかな時期の中にいるのです。

45

WHAT A DIFFERENCE JUNE MAKES
初夏はどれほど世界を変えるか

　地球上には３兆本以上の木があり、それは人間１人あたり400本くらいにもなります。天の川銀河の中にある星の数よりも、地球上にある木の数の方が多いのです。

　陸地の大部分は北半球にあるため、樹木も北半球に多く、カナダやシベリア、スカンジナビア半島には広大な森が広がっています。

　樹木のいとなみは季節の変化に従っているので、１年の中で、地上での二酸化炭素と酸素の出入りはかなり変化します。全ての木々が地球の大気に与える集団的な影響は驚くべきものです。木々は空気中の二酸化炭素を取りこみ、太陽の光の力を借りてそれを糖に変えて体内にためこみ、酸素を大気の中に返します。

　１本のナラの成木は、50万枚もの葉を持っています。１枚１枚の葉には気孔と呼ばれる構造があり、肺のような働きをします。葉が二酸化炭素を取りこみ、酸素を放出するのは、この気孔を通してです。葉は、$1mm^2$あたり100～1000個の気孔を持ち、その全てが地球の巨大な呼吸器系として日々貢献しています。

　冬に葉を落とすと、樹木はこの呼吸装置を失うことになります。このため、木々の活動は穏やかになり、二酸化炭素は、どこへ行くあてもなく、何をするでもなく、迎え入れてくれる家もなく、空中をふらふらとただよいます。

　けれども初夏がやってきて、数えきれないほどの美しい新緑の葉が戻ってくると、本当に文字通りに、木々は空気中の二酸化炭素を吸収して、“片付けて”しまいます。

　このことは、北の方の森を観察すると、特にはっきりとわかります。この“片付け”は晩秋まで続き、また冬がやってくると状況は元に戻ります。このようにして、いつまでも循環は続いていくのです。

二酸化炭素を吸収しているのは樹木だけではありませんが（海や動物も、その役目を果たしています）、木々は地球という天体の健康に大きな影響を及ぼしています。けれども、今、人間が大気中に放出する二酸化炭素の量に、木々の仕事が追いつかなくなってきています。1万2000年前は、地球上には今の2倍の木がありました。

　ですから、木を植えるという余暇の過ごし方は、今、とても大切なのです。

46

YOU MAY AS WELL HAVE WINGS
翼も持てるかもしれない

　多くの動物種が、よく似通った骨と筋肉を持っています。違うのは、しばしば、その形や量、または何に使うかということだけです。

　そうした違いは、その動物が何をどうするために進化してきたかに大きく関係しています。ヒトの手に相当する部分は、コウモリにもクジラにもあり、その部分の骨は、それぞれ違う目的に合うよう、再構成されているのです。キリンの首には私たちと同じく7つの骨がありますが、私たちは、高い木の枝まで首を長く伸ばして葉を食べる必要がありませんでした。鳥について言えば、私たちの腕は、うれしくなることに、鳥の翼とほとんど同じです。

　もう少し詳しく見てみましょう。鳥がもつ「叉骨」（訳注：鳥の首の付け根あたりにあるV字形の骨、ウィッシュボーン）は癒合した鎖骨で、飛ぶために必要な強い筋肉を付着させる部分としてユニークな働きをしています。数種類の恐竜を除くと、鳥は、叉骨を持つ唯一の動物です。ただし、全ての鳥が叉骨を持っているとは限りません。ペンギンのような飛ばない鳥は、そのような構造を必要としないため、叉骨を持っていないのです。

　このような骨の癒合は、「骨化」と呼ばれ、他のどんな動物種よりも鳥類によく見られます。何百万年もの間に、骨化によって鳥の骨格はしっかりとした強い構造になりました。そのおかげで鳥は、大海原や広大な森、送電線の間、そして翼を欲しがる人の夢の中を飛んで渡れるようになったのです。

　また、鳥は「含気骨」と呼ばれる骨を持っています。この骨には小さな空洞がたくさんあります。とても繊細で壊れやすそうに見えますが、骨の重さを減らすと同時に機械的な強度を高めています。あまりに骨が軽いので、鳥の全身の羽の重さの方が、その骨格よりも重いほどです。中が"空洞"の骨の数は、その鳥がどんな飛び方をするかによっても違います。長い距離を滑空しながら飛ぶ鳥は、最も多くの含気骨を持っていますが、ペンギンのよう

な泳ぐ鳥や、ダチョウのような走る鳥は、含気骨を全く持っていません。

　骨の中にあるこんな精巧な空洞を別にすれば、私たちの腕は鳥の翼によく似ています（私たちの骨の中には、空洞のかわりに、骨髄と何より大切な幹細胞があります）。このように、よく似ていて、進化の過程で共通の祖先から分かれたと考えられるものを「相同の」構造と呼びます。違う種の動物が、よく似た場所によく似た構造の骨格を持っている場合はこれにあたり、必ずしもその骨格の目的が同じでなくても良いのです。

　生物学でいう「相同性」は、両者の骨格と体内器官、そして遺伝子が、共通の祖先を持っていることを意味します。

　昔は同じ生き物だったことの名残は、この動物とあの動物、私とあなた、あなたと鳥たちを結びつけています。暖かな風にのって輪を描き飛ぶ鳥たち、風を切るその翼、胸に方位磁石を持っているかのようなその心臓は、私たちと、過去に結びついていたのです。

47

ALL AT ONCE
いっせいに

　自然界では、ほぼ同じ動き方をしたり、同じ率で振動したりしている2つのものは、お互いの距離が十分近いと、しだいに全く同じ比率もしくは間隔で運動や振動をするようになります。

　これは、別々に、もしくは反対方向に運動するよりも同じ運動をした方がエネルギーが少なくてすむからで、自然に備わった美しい"怠慢"であり、物理学では「同調」とも呼ばれます。

　「同期（シンクロ）」は、原子よりも小さいレベルから、時空の果てまで、宇宙の中で最もよく見られる運動の一つです。

　この自発的で不思議な、秩序に向かおうとする究極の力は、エントロピー（52ページ参照）に対抗しているように見えます。ふだん目にするものの中にもその例があります。たとえば群れて飛ぶ鳥、捕食者から逃げる魚たち、潮汐の周期、電子の動き、そしてあなた自身の中に。

　人間の心臓にある自然のペースメーカー、「洞房結節」は、1万個ほどの細胞からできています。この細胞は、一つひとつが、心臓に鼓動を指示する信号となる電気的リズムを個別に持っていますが、使命を果たすためには、全部が一体となって働かなくてはなりません。

　また、体内の全ての器官の中で、細胞は同期しています。さらに、それぞれの器官は役目が全く違いますが、器官同士でも協調しています。それより大きなレベルでもそういうことがあるでしょうか？　あります。あなたの体は、生理的な体内時計によって、外界とシンクロしています。

　同期性に従うのは、体内時計だけではありません。1665年、オランダの物理学者クリスティアーン・ホイヘンスは、互いに近い場所にある2つの時計の振り子が、はじめは全く違う間隔で振れていても、最終的には同じ間隔で同調して振れることを発見しました。

145

一方、東南アジアでは、川べりにオスのホタルが集まり、何千匹もが全く同じタイミングで光を点滅させることが観察されています。その昔、西洋人としてはじめてそれを見た旅行者たちは、この目を見張るような光景に驚き、長い間、錯覚だと思っていました。

　さらに、「対人同期」と呼ばれる、人間が他人と同調する現象があり、なぜそのようになるのかを含めて研究する分野も少しずつ発展しています。1800年代から、呼吸と心拍数の間には強い相関関係のあることが知られていて（その同調は、「呼吸性洞性不整脈」と呼ばれます）、最近ではこれを取り上げる研究も増えています。デンマークで行われた実験では、互いに見ず知らずの2人の人を一つの部屋に入れて、信頼関係が必要な仕事を一緒にやってもらうと、やがて心臓の鼓動がぴったり合うようになることが確かめられました。また、スウェーデンの研究では、コーラスの歌手たちの脈が同じように速くなり、また同じようにゆっくりとなっていくことが観察されています。さらにアメリカのある研究では、愛し合うカップルの心臓の鼓動は、彼らが話したり触れ合ったりせず、1メートル以上離れて座っていてもシンクロしていることが示されました。

　同期性、シンクロについては、科学の一領域として、まだ研究がはじまったばかりです。

　数学者や物理学者は、この自発的な秩序が、どのようにして混沌から苦もなく無傷で自然に生まれるのか、理解し正確に示そうとしています。

"I want to remember
that the sky is
so gorgeously large,
I feel stranded
beneath it."

いつも憶えていたい。
空がとてつもなく広く、
ただ自分がその下に
立ち尽くしていることを。

アニス・モガニ

ANIS MOJGANI

48

THE SUN IS A TYPICAL STAR
太陽は典型的な恒星

　長い間、私たちの太陽は、この宇宙で太陽に似た他の星たちが従っているルールには、必ずしも従っていないと考えられていました。けれども、今では、太陽も他の星たちと同じであることがわかっています。

　全ての恒星にはそれぞれ磁場があります。私たちの太陽では、この磁場が11年周期で変化します。この周期ごとに、黒点の数や、放射の強さや、宇宙空間に放出する物質の量が変化します。太陽には、磁場が混沌となる時期と、磁場が静かな長い時期が交互に訪れるのです。

　私たちは物心つく頃から太陽を好きになり、地球に届くまで8分かかるその光の中で生きることを学びます。それでも、私たちの太陽は、数えきれないほどある恒星の一つでしかありません。太陽というこの典型的な黄色矮星は、古代ギリシャではhelios（ヘリオス）と呼ばれました。また、古代ローマではsol（ソル）と呼ばれ、これは後に、太陽系を意味する英語の「solar system（ソーラーシステム）」の語源になりました。どんな恒星も、周囲を回る惑星を持っていたら、もしくは、私たちの太陽系に似た惑星系の中心だったら、やはり「太陽」と呼ぶことができます。宇宙の中で、太陽系はとくに変わっているわけではありません。というのも、2つか3つの太陽のまわりを回る「複数の太陽を持つ惑星」も知られているからです。ありがたいことに、宇宙の時空間では「比較は喜びを盗む泥棒」（比べることで幸せが減ってしまうという意味の英語のことわざ）はあてはまりません。

　全てのものは重心のまわりを回っています（17ページ参照）。そして、太陽は、天の川銀河の中心のまわりを回る間、地球のことなど全く気にしません。太陽が銀河の中心を一周するのにかかる時間を「銀河年」と呼びます。太陽は、毎時82万8000kmという想像できない速さで動いていますが、それでも銀河を一周するにはおよそ2億3000万年かかるのです。

149

（約70％）
ダーク・エネルギー

バリオン物質
（約5％）

ダーク・マター
（約30％）

49

ELEMENTARY
元素のこと

　元素は、ただ1種類の原子のみからなる物質です。

　宇宙では、それぞれの元素がどれくらいの量存在するか、ある元素に出会う頻度が他の元素と比べてどのくらいか、といったことで元素をはかります。

　宇宙の中で、そうした元素（「通常の物質」または「バリオン物質」と呼ばれる物質）で構成されているのは、ほんの一部分です。それ以外の全ては、直接観察できず、またその性質がいまだによくわかっていない「ダーク・エネルギー」と「ダーク・マター」なのです。

　バリオン物質の98%が、水素とヘリウムです。この2つの元素は、138億年の昔、ビッグバンで宇宙が誕生した直後の数分間で作られました。残りの2%がそれ以外の元素で、恒星の内部で核融合によって作られたり、超新星爆発の際にできたりします。宇宙線が、すでに生成されている水銀や鉛などの重い元素の原子とぶつかったときにもっと軽いものへと分裂していく「核破砕」という反応で、リチウムやベリリウムなどができることもあります。

　地球に豊富に存在するメジャーな元素のベストテンは、鉄、酸素、ケイ素、マグネシウム、硫黄、ニッケル、カルシウム、アルミニウム、クロム、リンです。けれども、これ以外にもたくさんの元素が存在し、それらは比較的わずかな量でも、地球上の生命にとってかなり重要です。

　たとえば、ホウ素という元素がなければ、どの植物も「細胞壁」が作れません（訳注：細胞壁があることで、茎がまっすぐに立つ）。また、1928年には銅がヒトにとって必要不可欠な元素であることがわかりました。銅は、肌の色素形成から、結合組織の修復にいたるまで、あらゆる所に関係しているのです。

　メジャーな元素にも目を見張るエピソードがいっぱいです。たとえば、今地球上にこんなに酸素があるのは、はるかな過去に宇宙にあった天体のおかげですし、水素結合はDNAにあのはっきりとした螺旋構造を与えています。

今も、新しい元素を人工的に（異なる原子の原子核同士を、とんでもない超高速で衝突させる方法で）作る研究が続けられています。

　けれども、周期表（119ページ参照）が、いったいどこまで広がって増えていくのかは、誰にもわかりません。ある研究者は限界はないと考えていますが、別の研究者は、原子にはそれ以上重くなれない限界点があるため、それを超えては増えないだろうと信じています。

　私たちには見ることのできないもの、またこの先も決して見られないだろうものはたくさんあります。そのような森羅万象が存在すること自体が、奇跡的なのかもしれません。

50

FIXED STARS ARE NOT FIXED

恒星は止まってはいない

恒星は英語では fixed star（固定された星）とも呼ばれます（昔、ラテン語でステラエ・フィクサエと *stellae fixae* 呼ばれた名残です）。たとえば惑星などは季節によって夜空での位置が変わりますが、恒星は、お互いの位置関係が変わらない、つまり動いていないように見えます。

古代の天文学者たちは、夜空を見上げて、昇ったり沈んだりしつつも同じ配置で天球に輝く「固定された星」と、彼らが「さまよう星」と呼んだ惑星とを区別していました。固定された星は、識別しやすい星座にまとめられ、航海術や農作業のめやす、暦などに利用されました。

星座という意味の英語 constellation コンステレーションは、ラテン語で「星の配置」を意味する「コンステラティオ *constellatio*」という語からきています。

肉眼で見える星の数は9000個ほどと言われています。地球からの距離はそれぞれ違い、天の川銀河の中に属しています。そして、それぞれ私たちの太陽系とは別の自分たちの惑星系を持ち、そこで「太陽」の役割を果たしているものもあります。

天文学の世界では、星には番号が振られ、星をリストした「恒星目録（星表）」が何種類も編まれています。このような目録は、バビロニアをはじめとする古代文明の頃からあり、それ以来修正が重ねられ、今も常に改訂され続けているのです。

「固定された星（fixed star）」と言うときに問題なのは、恒星は実は常に動いているということです。ただ、その動きはとても遅く、人間の時間感覚では見ることができません。動き方が小さすぎるため、正確に測定できるようになったのは、やっと19世紀になってからです。

まわりにある動く天体との関係で動いているように見える「見かけの動

き」という錯覚もありますが、恒星は本当に動いています。これらの恒星が位置している銀河自体が、動いて自転しているからです。

　つまり、本当の意味で静止してそこに永遠にとどまっているものは何もないのですが、夜空は、何千年も前とほとんど変わっていないように見えます。現代の私たちが見ているいくつかの星座は、実は古代バビロニア人によってすでに名付けられていたものです。それ以外の多くの星座も、古代ギリシャや古代ローマの頃から名前を持っています。

　頭上の天球には、88の正式に認められた星座が並んでいます。星座は、秩序ある絵のように空を見るための想像上のパターンや形です。これは、私たちが夜空を2次元の平面として見ていて、永遠に輝くかに見える小さな針穴同士の奥行きの関係、つまり私たちからの距離はわからないことからできたものです。

51

IT WON'T BE TRUE FOREVER

永遠の真実はない

　科学的な見解は、他のどんな種類の見解よりもずっと信頼でき、本当らしく思えます。証拠がちゃんとあって、同じ分野の他の研究者によって何度も見直されているし、時間をかけた厳しい検証にさらされています。

　けれども、時間の経過とともにものごとの理解が深まっていくという、必然的な変化の影響を受けずにはいられません。

　現在、私たちが知っていること、真実と信じていることの全てが、永遠に正しいものとして残るとは限りません。いくつかの分野では、ほんの5年か10年で、知識が時代遅れになることもあり得ます。情報は、反証され、また新たに理解が付け加えられることでさらに正確さを増していき、私たちは、世界をより正確に、良く知ることができるようになるのです。

　科学の道すじはゆっくりと、でも確実に、ものごとの真実を知る方へと向かっています。けれども、私たちの生きているのは、知識や説明が、私たち自身を超えたスピードで変化していく時代です。科学的な知識の変化を専門に扱う分野である科学計量学（サイエントメトリックス scientometrics）は、科学を研究対象とした科学と言えます。つまり、知識が歳月とともにどのように育ち進化するかを研究します。

　知識は一定の予測可能な割合で反証されます。そして、知識の消滅率は「知識の半減期」と呼ばれる数学的な曲線グラフで予測できるのです。

　不安定な原子が放出する放射能の半減期と同じく、科学でも、ある特定の知識の有効期限がいつ切れるのか、厳密に知ることはできません。けれども、ある分野の知識の全体を俯瞰して見つめ、その半減期を観察することはできます。

　「知識の半減期」は、ある知識の半分が間違いとわかって時代遅れとされるまでどれくらいかかるか測る尺度です。たとえば医学では「知識の半減期」

は、45年と言われています。一方、数学では、多くの学者が認める説はめったに反証されることがないため、半減期はもっと遅れてやってきます。

　アメリカの作家アイザック・アシモフは、この現象を次のような素晴らしい言葉で捉えています。「人々が地球を平らだと思っていたとき、彼らは間違っていた。人々が地球を完全な球と考えたとき、やはり彼らは間違っていた。しかし、もし君が、地球を完全な球と思いこむことを、地球が平らだと思いこむのと全く同じように間違っていると考えるなら、君の考え方は両方の人たちの考えを足したのよりももっと間違っている」

　悩む必要はありません。知識が育ち、また取り壊されていく過程には、他のあらゆることと同じく、やはり形と秩序があるのです。

ACKNOWLEDGMENTS
謝　辞

　この本を作るに当たって私を助けてくれた人たちの名前をすべて挙げることを、何だかためらってしまう自分がいるのを感じます。というのも、人々がどんなに素晴らしいかを語ろうとすると（しかもそれを連呼したいと思うと）、言葉は全く当てにならないということが、広く知られているからです。

　そうは言っても、以下の方々に、心から深い感謝の言葉を伝えたい気持ちを抑えることはできません。JVNLAのジェニファー・ウェルツ。彼女のエージェンシーで、一番素晴らしい人だということは間違いないと誰もが言うのを私もよく知っています。それから、メグ・レーダー。あまりにも印象深い私の編集者。この本がどういう本であるか即座に理解してくれ、いつも親切に励ましてくれました。そして、シャノン・ケリー、サブリナ・バウアーズ、エリザベス・ヤッフルをはじめとする、ペンギンブックスのみなさん。さまざまな方法でこの本の後押しをしてくれ、ほとんど誰も気にしないような細部にまでわたる私自身のわけ知り顔の強いこだわりを受けとめてくださって、ありがとうございました。

　そして、この本の終わりに、ほかの特別に大切な人たちについて。キャティは私の良い意味でも偏屈なところを常におもしろがってくれて、気持ちを楽にさせてくれました。ニックは、原稿を書き終えたあと、ブラジルで、そしてそのあとも静かな安らぎの時間をもたらしてくれました。それから、さまざまな範囲や形で私に影響を与えてくれた方々、仕事をこなし、混乱を整理し、存在していくことそのものについて私という人間を形作ってくださった、数え切れないほどの名前を挙げられないみなさんへ、ありがとうございます。

訳者あとがき

　この本の原書を最初に通読した後にまず感じたのは、「これは、『もののあはれ』について語っている本だ」ということでした。

　「もののあはれ」は、あらゆるものに対する無常感や哀切の気持ちをさす文学的、情緒的な言葉と捉えて良いでしょうか。科学をテーマにしながら、このような言葉を思い起こさせてくれる詩的な書物を紡ぎ上げたのは、この著者のどこまでもみずみずしく光る感性だと思います。

　著者自身は科学のプロフェッショナルではありませんが、宇宙そのものが実は「詩」以外の何物でもないことに気づき、その感動を繊細な文章に美しい絵を添えて描き出してくれています。読者のみなさんには、この本を、科学の本という以上に、詩や文学エッセイとしても楽しんでいただけたら、と願っています。

　この本の翻訳に際して、精密に訳文チェックをしてアドバイスをくださった武井摩利さんと小野雅弘さん、原書の雰囲気をのこしながらより読みやすく素敵な本にデザインしてくださった明後日デザイン制作所の近藤聡さん、多岐にわたってお骨折りくださった創元社の内貴麻美さんに、この場をお借りして心からお礼申し上げます。

著者略歴

エラ・フランシス・サンダース
イギリス在住のライター、イラストレーター。
著書に「Lost in Translation: An Illustrated Compendium of Untranslatable Words from Around the World」（邦題：翻訳できない世界のことば）、「The Illustrated Book of Sayings: Curious Expressions from Around the World」（邦題：誰も知らない世界のことわざ）があり、8カ国語で翻訳出版されている。

訳者略歴

前田まゆみ（まえだ・まゆみ）
絵本作家、翻訳家。著書に『幸せを引き寄せる月の満ちかけ物語』『幸せの鍵が見つかる世界の美しいことば』（創元社）、『庭に咲く花えほん』（あすなろ書房）、『くまのこポーロ』（主婦の友社）など。翻訳書に『翻訳できない世界のことば』『SOPPY』（創元社）、『なんでもおんなじ？』（フレーベル館）などがある。

ことばにできない宇宙のふしぎ

2019年7月20日　第1版第1刷発行
2021年12月20日　第1版第2刷発行

著者／イラスト　エラ・フランシス・サンダース
訳者／日本語描き文字　前田まゆみ

発 行 者　矢部敬一
発 行 所　株式会社創元社
　　　　　本　　社
　　　　　〒541-0047 大阪市中央区淡路町4丁目3-6
　　　　　Tel. 06-6231-9010(代) Fax. 06-6233-3111
　　　　　東京支店
　　　　　〒101-0051 東京都千代田区神田神保町1-2 田辺ビル
　　　　　Tel. 03-6811-0662
　　　　　https://www.sogensha.co.jp/

デザイン　近藤聡（明後日デザイン制作所）
印 刷 所　図書印刷株式会社

©2019, Printed in Japan
ISBN978-4-422-44017-0 C0044
落丁・乱丁のときはお取り替えいたします。

JCOPY 〈出版者著作権管理機構 委託出版物〉
本書の無断複製は著作権法上での例外を除き禁じられています。複製される場合は、そのつど事前に、出版者著作権管理機構（電話 03-5244-5088、FAX 03-5244-5089、e-mail: info@jcopy.or.jp）の許諾を得てください。

本書の感想をお寄せください
投稿フォームはこちらから ▶▶▶